Bezugsbedingungen:

Preis des Heftes 1 bis 112 je 1 Mk,
zu beziehen durch Julius Springer, Berlin W. 9, Linkstr. 23/24;
für Lehrer und Schüler technischer Schulen 50 Pfg,
zu beziehen gegen Voreinsendung des Betrages vom Verein deutscher Ingenieure, Berlin N.W. 7, Charlottenstraße 43.

Von Heft 113 an sind die Preise entsprechend auf 2 ℳ und 1 ℳ erhöht.

Eine Zusammenstellung des Inhaltes der Hefte 1 bis 124 der Mitteilungen über Forschungsarbeiten zugleich mit einem Namen- und Sachverzeichnis wird auf Wunsch kostenfrei von der Redaktion der Zeitschrift des Vereines deutscher Ingenieure, Berlin N.W., Charlottenstr. 43, abgegeben.

Heft 125: **Wild,** Die Ursache der zusätzlichen Eisenverluste in umlaufenden glatten Ringankern. Beitrag zur Frage der drehenden Hysterese.

Heft 126: **Preuß,** Versuche über die Spannungsverminderung durch die Ausrundung scharfer Ecken.

Preuß, Versuche über die Spannungsverteilung in Kranhaken.

Preuß, Versuche über die Spannungsverteilung in gelochten Zugstäben.

Heft 127 und 128: **Schöttler,** Biegungsversuche mit gußeisernen Stäben.

Mitteilungen

über

Forschungsarbeiten

auf dem Gebiete des Ingenieurwesens

insbesondere aus den Laboratorien
der technischen Hochschulen

herausgegeben vom

Verein deutscher Ingenieure.

Heft 129.

1912
Springer-Verlag Berlin Heidelberg GmbH

ISBN 978-3-662-01678-7 ISBN 978-3-662-01973-3 (eBook)
DOI 10.1007/978-3-662-01973-3

Inhalt.

Wirkungsweise und Berechnung der Windkessel von Kolbenpumpen.

Von **Anton Gramberg,** Danzig.

I) Uebliche Theorie der Windkesselwirkung.

Windkessel werden an Kolbenpumpen angebracht, um einen Ausgleich dafür zu schaffen, daß die Förderung der durch einen Kurbeltrieb bewegten Maschine ungleichmäßig ist, während doch die Wasserentnahme im allgemeinen gleichmäßig sein soll, ja bei langen Druckleitungen gleichmäßig sein muß, um die bei ungleichmäßigem Gang auftretenden Massenwirkungen zu vermeiden.

Der Windkessel soll also dauernd die durchschnittliche Wasserförderung der Pumpe abgeben, während er die Mehr- oder Minderförderung des Kolbens durch Aufspeichern und Zugeben ausgleicht. Man pflegt sich die Wirkungsweise an Hand von Fig. 1 klarzulegen. Die Sinuslinie a_1 stellt, über der Zeit als Abszisse gezeichnet, die Kolbengeschwindigkeit dar und daher die zu jeder beliebigen Zeit gelieferte augenblickliche Wassermenge. Die durchschnittliche Wasserlieferung wird durch die Gerade b_1 gegeben, die über der Abszisse ein der Sinusfläche gleiches Rechteck abteilt. Die rechtsgestrichelten Flächen geben die vom Windkessel aufzunehmenden Wassermengen an, die linksgestrichelten deuten die Wassermengen an, die vom Windkessel abgegeben werden. Von O_1 bis A_1 und von B_1 bis über C_1 hinaus gibt der Windkessel Wasser her, von A_1 bis B_1 speichert er den Ueberschuß auf. Die Figur gilt unter der Annahme unendlicher Schubstangenlänge und gleichförmigen Ganges der Maschine. Wo diese Bedingungen nicht zutreffen, wäre an Stelle der Sinuskurve eine entsprechend andere zu setzen. Doch wollen wir von der Verfolgung der dann auftretenden Verhältnisse hier absehen.

Stellen wir die Kolbengeschwindigkeiten nicht über der Zeit, sondern über dem Kolbenweg als Abszisse dar, so erhalten wir unter den gleichen Voraussetzungen die Fig. 2. Die Kolbengeschwindigkeiten werden jetzt durch einen Halbkreis a_2 dargestellt. Die Punkte A_2 und B_2, die die Zeit der Wasseraufnahme und Wasserabgabe des Windkessels abteilen, erhält man, indem man die Gerade b_2 in gleicher Höhe wie b_1 der Fig. 1 zeichnet. Die rechtsgestrichelten Flächen deuten eine Wasseraufnahme des Windkessels an, die linksgestrichelten eine Wasserabgabe; doch haben natürlich die Flächen der Größe nach jetzt keine Bedeutung mehr.

Das Indikatordiagramm einer Pumpe wird die Gestalt der Fig. 3 haben, sofern der Windkessel einen unendlichen oder doch sehr großen Inhalt hat und dicht über dem Kolben sitzt. Die Drucklinie d_3 verläuft, nachdem die vom Indikator herrührenden und daher hier nicht weiter in Betracht zu ziehenden Federschwingungen abgeklungen sind, so gut wie geradlinig; denn der Druck im Windkessel wird sich beim Einfüllen der verhältnismäßig kleinen Fördermengen eines Hubes nicht nennenswert ändern. Nimmt man Diagramme außer am Pumpenraum auch noch oberhalb des Druckventiles, im Druckraume, so

Fig. 1 bis 8. Uebliche Darstellung der Windkesselwirkung.

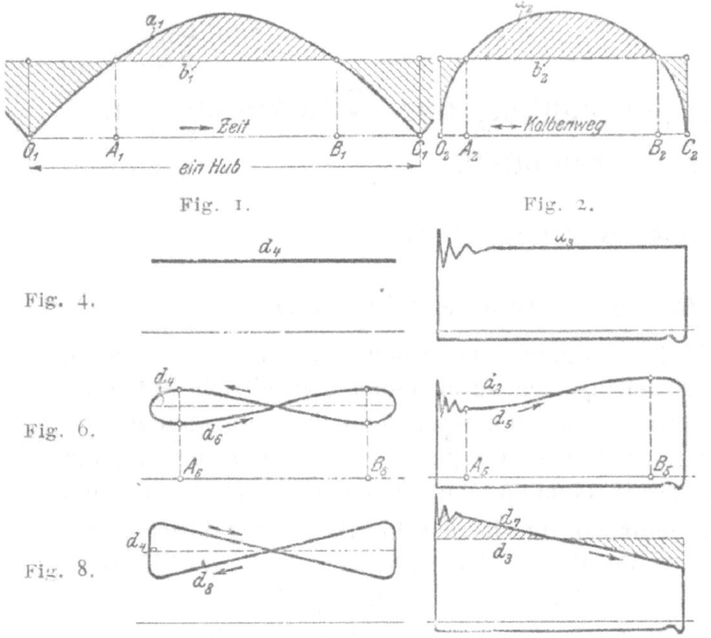

Fig. 1. Fig. 2. Fig. 3. Fig. 4. Fig. 5. Fig. 6. Fig. 7. Fig. 8.

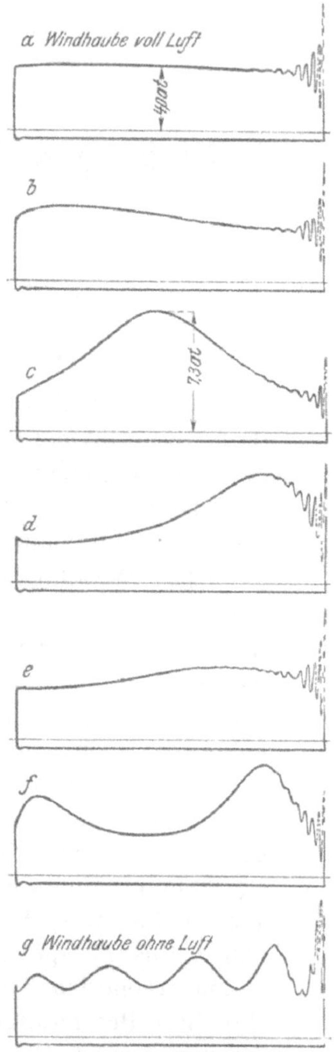

Fig. 9. Pumpendiagramme bei abnehmendem Luftinhalt in der Windhaube. 40 Uml./min.

erhält man eine gerade Linie d_4 parallel zur Atmosphärenlinie, die jedoch infolge des Ventilwiderstandes der Atmosphärenlinie etwas näher liegt als die Drucklinie des Pumpendiagrammes, Fig. 4.

Ist der Luftinhalt des Druckwindkessels nicht sehr groß gegenüber dem Hubraum der Pumpe, so werden mit dem abwechselnden Einfüllen und Entnehmen von Wassermengen Druckschwankungen im Druckraume die Folge sein, denen Druckschwankungen im Pumpendiagramm entsprechen. Es ist leicht zu übersehen, daß ein Ansteigen des Druckes in dem Teil des Kolbenweges von A_2 bis B_2 der Fig. 2 stattfinden wird, während an den beiden Enden des Diagrammes ein Abfallen des Druckes eintritt. In Fig. 5 und 6 ist das zugehörige Druckdiagramm gezeichnet, welches eine liegende 8 bildet, weil sich die von der einen Pumpenseite erzeugten Druckänderungen beim Rückgang symmetrisch wiederholen, vorausgesetzt, daß es sich um eine doppeltwirkende oder eine Stufenkolbenpumpe handelt. Bei mäßigem Luftinhalte muß sich also ein Anstieg des Druckes in der zweiten Hälfte des Pumpendiagrammes ergeben.

Im Gegensatz dazu würden bei einer ohne jeden Windkessel arbeitenden Pumpe zu den statischen Drücken, die der Förderhöhe der Pumpe entsprechen, jederzeit die Massendrücke des in der Druckleitung befindlichen Wassers hinzutreten, das jetzt mit dem Kolben ohne elastisches Zwischenglied gekoppelt ist und mit dem Kolben am Anfang des Hubes beschleunigt, am Ende verzögert werden muß. Die Beschleunigung wird bekanntlich durch eine schräg abfallende gerade Linie dargestellt, und indem wir in Fig. 7 deren Ordinaten zu der statischen Drucklinie d_3 hinzuziehen, erhalten wir die Drucklinie d_7, geradlinig von Anfang bis zum Ende des Diagrammes abfallend. Die gestrichelten Flächen stellen die auf die Beschleunigung verwendete und bei der Verzögerung zurückgewonnene Arbeit dar. Es ergibt sich ein Druckabfall gegen das Diagrammende hin. Das Druckdiagramm, Fig. 8, müßte eine mit mehr oder weniger scharfen Ecken ausgestattete, einer 8 ähnliche Figur sein, die jedoch im umgekehrten Sinne umfahren wird, wie die in Fig. 6 beschriebene 8.

Man sieht also, daß sich durch diese übliche statisch-volumetrische Theorie der Wirksamkeit des Windkessels Diagramme mit wagerechter, mit ansteigender und mit abfallender Drucklinie zwanglos erklären lassen, und daß diese Diagramme in der angeführten Reihenfolge aufeinanderfolgen müßten, wenn man aus dem Windkessel die Luft abblasen läßt.

Als Beleg dafür, daß die genannten Formen in der Tat sämtlich vorkommen, seien die Diagramme Fig. 9a bis g wiedergegeben, die an der liegenden Stufenkolbenpumpe des Maschinenlaboratoriums der Danziger Hochschule aufgenommen worden sind; insofern scheint sich also die eben gegebene Theorie zu bewähren. Trotzdem soll sogleich durch Versuche gezeigt werden, daß sie falsch ist oder doch mindestens die Verhältnisse nur sehr unzulänglich erklärt. Entsprechend unzulänglich wird die übliche Berechnung des Windkesselinhaltes sein, die, soweit der Windkessel nicht rein empirisch bemessen wird, davon ausgeht, daß die sich aus Fig. 6 ergebenden Aenderungen des Druckes nicht mehr als einen bestimmten Bruchteil des mittleren Druckes ausmachen, der Ungleichförmigkeitsgrad des Windkessels also einen vorgeschriebenen Grad nicht überschreiten solle.

2) Zeitdiagramme. Dynamische Betrachtung der Windkesselwirkung.

Den Anlaß zu den folgenden Versuchen gab die Frage, wie sich denn der Uebergang von dem in der zweiten zu dem in der ersten Hälfte des Diagrammes auftretenden Buckel bei immer abnehmendem Luftinhalt vollziehen könnte. In dieser Hinsicht ist an der Diagrammreihe Fig. 9a bis g das Diagramm Fig. 9c von Bedeutung, bei dem gerade dieser Uebergang von dem in der zweiten Hälfte zu dem in der ersten Hälfte auftretenden Buckel vor sich geht. Wir sehen, daß der Druck während des Ueberganges des Buckels durch die Diagrammitte trotz der mäßigen Umlaufzahl hoch ansteigt. Der Betriebsdruck der Pumpe ist gegen 4 at, in der Hubmitte zeigt sich ein Druck von rd. 7,3 at. Außerdem ist es auffallend, daß in dem Diagramme 9g, bei dem alle Luft aus der Windhaube entfernt war, zwar die abfallende Linie der Massendrücke klar zu erkennen ist, daß aber über sie kräftige Schwingungen gelagert sind, die sich von den nur kurz nach dem Druckwechsel auftretenden und viel schneller verlaufenden Schwingungen des Indikators sicher unterscheiden lassen. Zwischendurch erhält man auch Diagramme nach Fig. 9f, die je einen Buckel am Anfang und am Ende des Diagrammes zeigen, und überhaupt Diagramme der wunderbarsten Form, die in den Einzelheiten schwer zu erklären sind.

Das gab den Anlaß dazu, Zeitdiagramme aufzunehmen, und nach einer Reihe von Vorversuchen ergab sich der in Fig. 10 wiedergegebene Diagrammstreifen, bei dem die Windhaube über dem Druckraume mit 4 ltr Luft (im komprimierten Zustande) versehen war und bei dem, während der Papierstreifen eines Wagnerschen Bandindikators gleichmäßig ablief, die Pumpe allmählich vom langsamen Gang auf immer höhere Umlaufzahl gebracht wurde. Die Umläufe der Pumpe sind numeriert, die durchschnittliche minutliche Umlaufzahl während des einzelnen Umlaufes ließ sich nachträglich feststellen, da die Papiergeschwindigkeit recht gleichmäßig 55,5 m/sk war, und es ergab sich, daß die Umlaufzahl von 27,3 bei Diagramm 1 bis auf 80,8 bei Diagramm 41 gestiegen war.

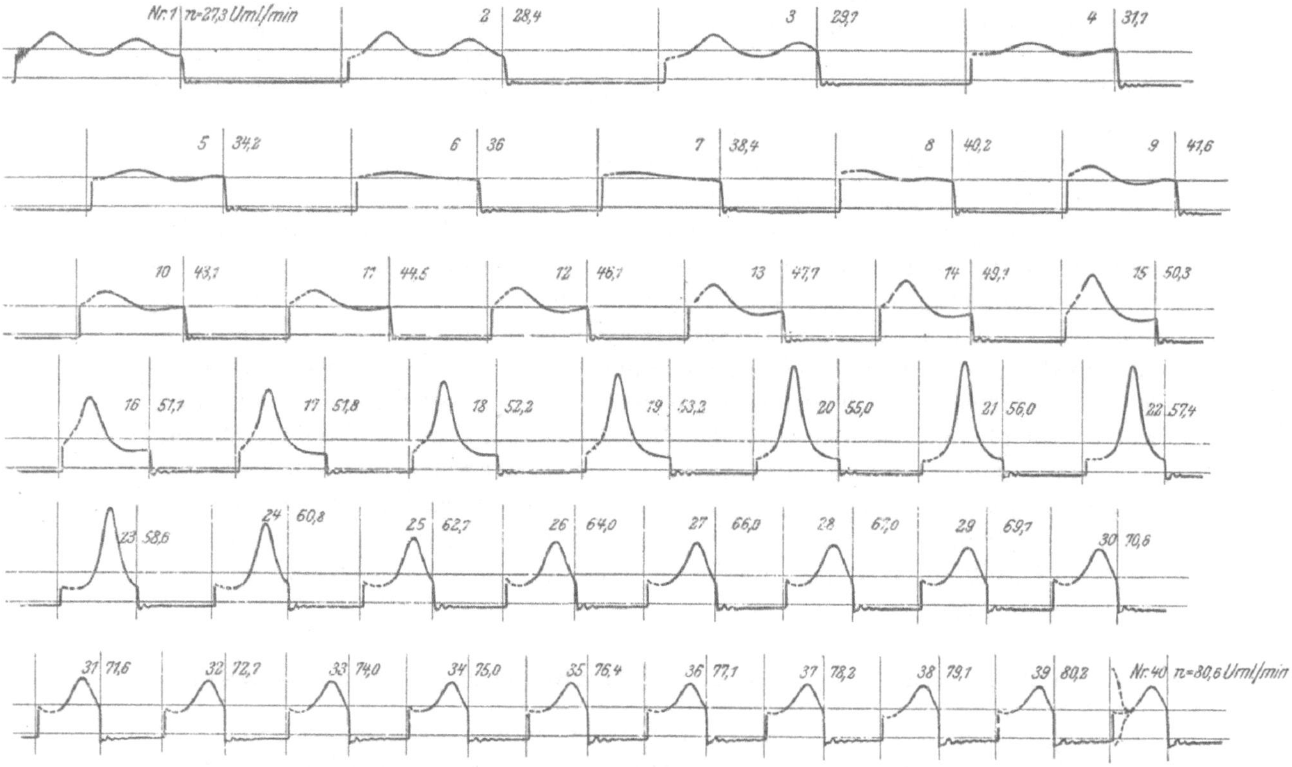

Fig. 10. Zeitdiagramm, aufgenommen bei zunehmender Umlaufzahl der Pumpe. Nr. II. 31. August 1910, 2 Uhr 45 Min. V_0 = rd. 4 ltr.

Es zeigt sich, daß das Verhalten des Windkessels ein Schwingungsvorgang mit Resonanz- und Interferenzerscheinungen ist. In Diagramm 1 unseres Streifens erkennen wir — immer abgesehen von den Indikatorschwingungen, die beim Kopieren durch die mittlere Linie ersetzt sind, deren Bereich aber durch Punktieren angedeutet ist — in der Drucklinie zwei Erhebungen, von denen die erste etwas höher ist, und deren zweite am Diagrammende eben ihren tiefsten Wert hat, so daß sich die im Zwischenraum zum nächsten Diagramm zu denkenden, der Stufenkolbenfläche zugeordneten beiden Schwingungen des Windkessels genau in den Zwischenraum zum nächsten Diagramm einfügen. Die Schwingungszahl der Schwingungen ist also genau das Doppelte der Hubdauer, daher tritt Resonanz zweiter Ordnung zwischen Schwingungszahl und Impulszahl auf.

Bei den folgenden Diagrammen werden die Schwingungen flacher, und man erkennt den Grund etwa bei Diagramm 4. Die vom Differentialkolben hinter dem Totpunkt angeregte Drucksteigerung trifft jetzt gerade auf einen Höchstdruck, wo also die Drucklinie eigentlich gerade abwärts laufen wollte Es tritt Interferenz zwischen den Schwingungen des Arbeitskolbens und des

Differentialkolbens ein, und beider Impulse schwächen einander. Wie vollkommen das geschehen kann, sieht man in Diagramm 7.

Weiterhin, bei immer wachsender Umlaufzahl, zeigen sich Diagramme mit einer Schwingung, die zunächst ziemlich flach verläuft, bald jedoch gewaltige Werte annimmt.

Beim Diagramm 21 haben wir einen Höchstdruck von 14 at, während, wie erwähnt, der Betriebsdruck nur 3,5 at ist. Bei noch weiterem Steigen der Umlaufzahl ist nun freilich die kritische überschritten, und die Schwingungen werden wieder kleiner. Während in Diagramm 13 eine Hebung in der ersten Diagrammhälfte des Hubes zu bemerken war, liegt sie im letzten Diagramm in der zweiten Hälfte des Hubes.

Wir erkennen, daß auch die hohen Drücke des Diagrammes 21 von Resonanz, und zwar diesmal erster Ordnung herrühren, der Impuls jedes Hubes setzt immer ein, wenn die vorhergehende Schwingung gerade auf dem Punkt niedrigsten Druckes angelangt ist, und die vom Stufenkolben herrührende Schwingung kann sich zwanglos in den Zwischenraum der Diagramme 21 und 22 einfügen. Anders bei den letzten Diagrammen, wo der drucksteigernde Impuls des Stufenkolbens schon eintritt, während der Druck noch im kräftigen Abschwellen begriffen ist, so daß beide Schwingungen miteinander interferieren. Bei weiterer Steigerung der Umlaufzahl, für die die Pumpe nicht gut geeignet war, wäre der Druckanstieg vermutlich noch kleiner geworden.

Das Verhalten der Drucklinie in diesem Diagrammstreifen kennzeichnet sich deutlich als ein Schwingungsvorgang, der mit immer gleicher Periode von statten geht und von dem im Diagramm zwei oder eine Schwingung oder auch nur ein Teil einer Schwingung in die Erscheinung tritt, je nachdem wie schnell die Pumpe läuft, je nachdem also, an welcher Stelle die Schwingung durch das im Totpunkte der Maschine erfolgte Schließen des Ventiles und den neuen Impuls unterbrochen wird. Die Anzahl der Schwingungen und die Lage des Höchstpunktes, solange nur eine Schwingung auftritt, ist also einfach durch ein früheres oder späteres Abbrechen des Schwingungsvorganges zu erklären. Die Amplitude der Schwingungen, die Größe des auftretenden Höchstdruckes, hängt davon ab, wieweit die Umlaufzahl gerade von derjenigen entfernt ist, bei der Resonanz auftritt.

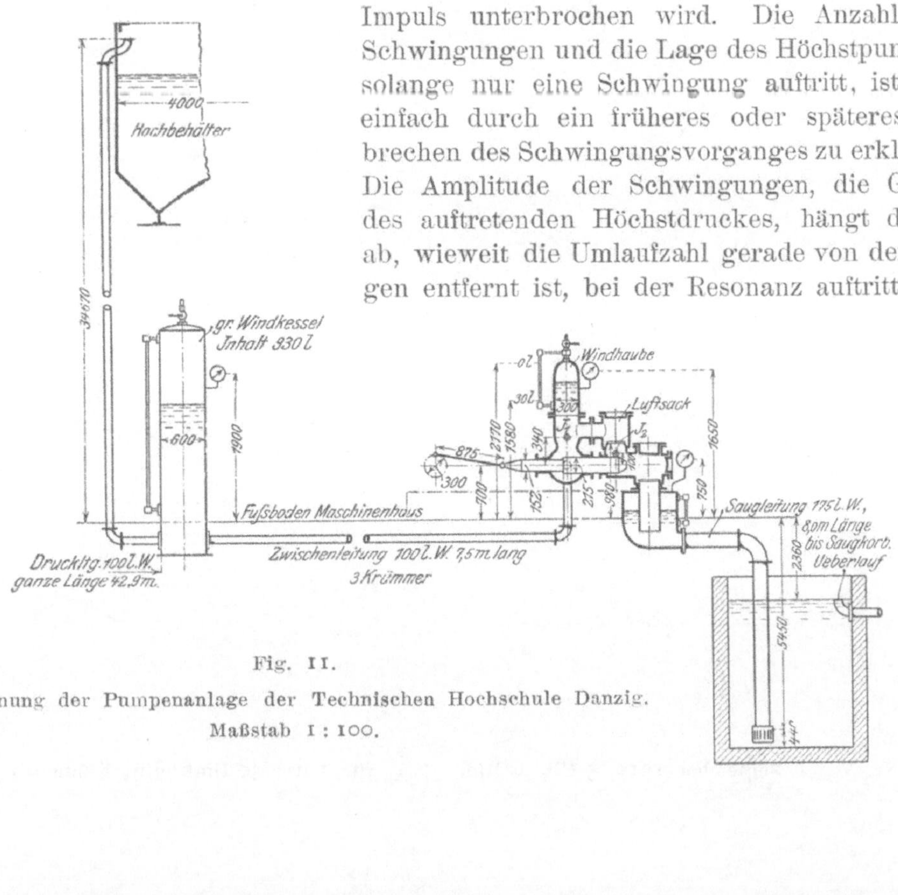

Fig. 11.
Anordnung der Pumpenanlage der Technischen Hochschule Danzig.
Maßstab 1 : 100.

Es fragt sich, von welcher Masse die Schwingungen, die das Diagramm nachweist, ausgeführt werden. Es kam hier nur die Wassersäule in Frage, die sich zwischen der auf die Pumpe aufgesetzten Windhaube und einem in einigem Abstand von der Pumpe vorhandenen Windkessel von größerem Inhalte befindet. Fig. 11 kennzeichnet schematisch die örtlichen Verhältnisse. Auf der Pumpe ist die Windhaube; eine mehrfach gekrümmte Zwischenleitung führt das Wasser in den schmiedeisernen Windkessel von 0,93 cbm Inhalt, und von ihm führt eine Druckleitung in den Hochbehälter. Die für die Beurteilung der Verhältnisse nötigen Abmessungen sind in Fig. 11 eingetragen.

Die Schwingungen fanden in der Zwischenleitung statt. Ihre Schwingungszeit mußte, wenn dies richtig ist, gleich der Eigenschwingungszeit des unter dem Einfluß des beiderseitigen Luftdruckes stehenden Wasserinhaltes jener Zwischenleitung sein, und es war durch Abmessen der Schwingungszeiten nachzuprüfen, ob die Erscheinungen in der Tat nur durch Schwingungen dieser Wassersäule zu erklären seien. Die Versuche zeigen, daß das der Fall war.

Fig. 12. Zeitdiagramme, am Pumpenraum und am Druckraum aufgenommen. 1/3 nat. Größe. Die eingetragenen Zahlen sind Millimeter (im ursprünglichen Diagramm).

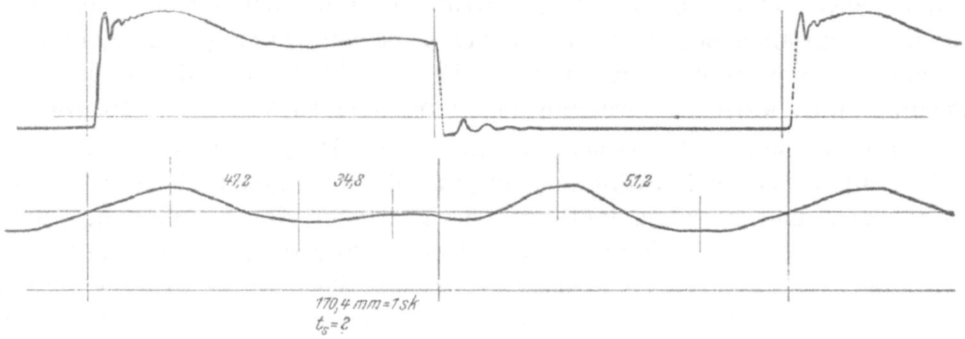

Nr. III. 1. September 1910, 4 Uhr 54 Min. V_0 = rd. 4 ltr; 40 Uml./min; 8 mm = 1 at.

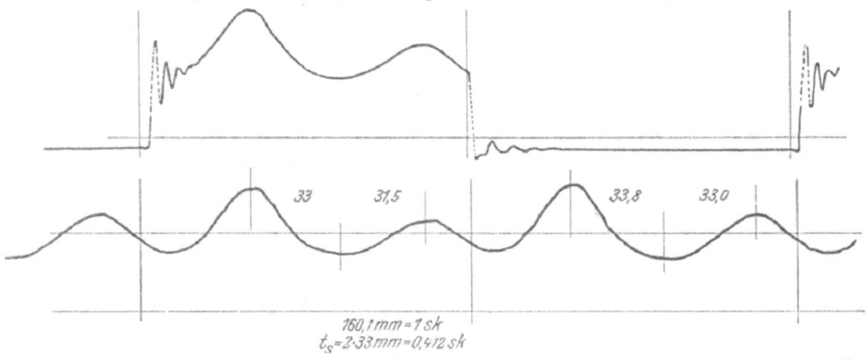

Nr. IV. 1. September 1910, 5 Uhr 2 Min. V_0 = rd. 2 ltr; 40 Uml./min; 8 mm = 1 at.

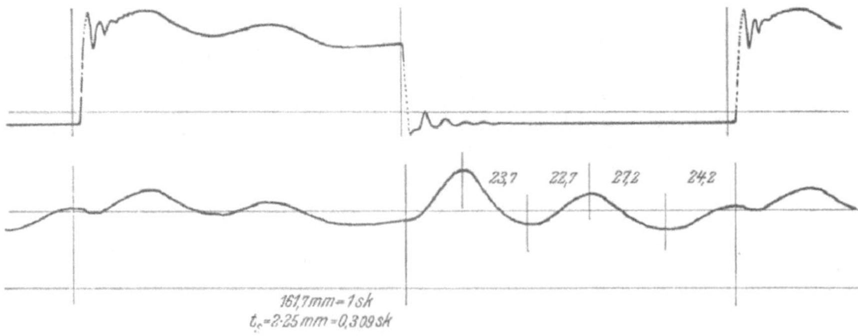

Nr. V. 1. September 1910, 5 Uhr 6 Min. V_0 = rd. 1 ltr; 40 Uml./min; 8 mm = 1 at.

Zu Fig. 12.

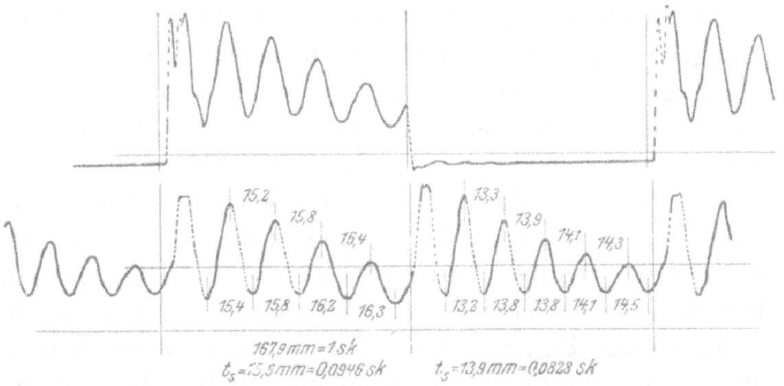

Nr. VI. 1. September 1910, 5 Uhr 45 Min. $V_0 = 0$; 60 Uml./min; 6 mm = 1 at.

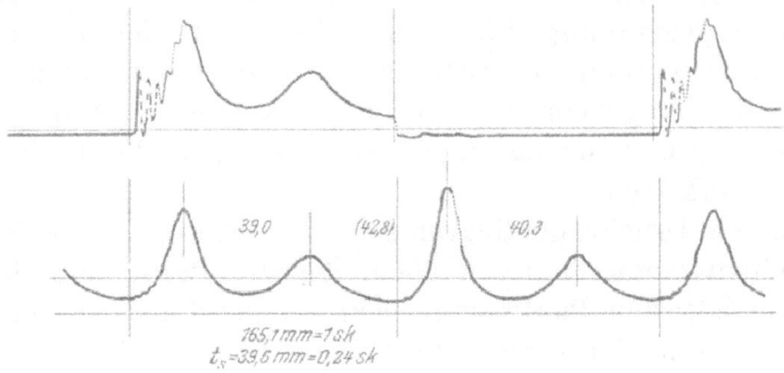

Nr. VII. 1. September 1910, 5 Uhr 51 Min. $V_0 = 0,5$ ltr; 60 Uml./min; 3 mm = 1 at.

Um die Schwingungen auszumessen und das Zustandekommen der Resonanz- und Interferenzerscheinungen besser verfolgen zu können, wurden noch, dieses Mal bei jeweils unverändert gehaltener Umlaufzahl, Diagramme mit größerer Ablaufgeschwindigkeit des Papierstreifens aufgenommen, deren einige in Fig. 12 wiedergegeben sind. Nr. IV und VII zeigen Resonanz, Nr. III und V Interferenz. Es wurden immer zwei Zeitdiagramme aufgenommen: eines am Pumpenraum, eines am Druckraum unmittelbar unter der Windhaube. Die Lage der Indikatorstutzen ist in Fig. 11 durch die Buchstaben J_1 und J_2 gekennzeichnet. Die Druckraumdiagramme lassen, weil sie den Einfluß auch des Stufenkolbens zeigen, die Entstehung der Schwingungen besser erkennen; die Pumpenraumdiagramme zeigen, um welchen Hub — Hin- oder Rückgang — es sich handelt. Die Zeitdiagramme wurden mit zwei Wagenerschen Bandindikatoren[1]) immer gleichzeitig aufgenommen bei einer Papiergeschwindigkeit von durchschnittlich 165 mm/sk; doch schwankte die Geschwindigkeit etwas, weil der bewegende Motor für die großen Papiergeschwindigkeiten und für gleichzeitigen Antrieb zweier Bänder zu schwach war und daher nach dem Einschalten in der Umlaufzahl etwas nachließ. Die Totpunkte wurden mit schwingenden Markenschreibzeugen aufgeschrieben, die auch zur Prüfung der Papiergeschwindigkeit dienten. Die Umlaufzahlen der Pumpe wurden mittels eines gut zeigenden Tachometers auf 40, 50 und 60 in der Minute gehalten. Außer der Umlaufzahl wurde noch die in der Windhaube befindliche Luftmenge verändert. Die Windhaube war für diese Versuche mit einem Wasserstand versehen worden, die ihren Luftinhalt bis fast zum völligen Verschwinden der Luft zu verfolgen gestattete, Fig. 11, und an dem Wasserstand war eine Teilung in Liter angebracht worden, indem die Windhaube abgenommen, auf den Kopf

[1]) Z. d. V. d. I. 1907 S. 1365 oder Gramberg, Technische Messungen 2. Aufl. S. 213.

gestellt und literweise mit Wasser gefüllt worden war. Am Höchstpunkte der Windhaube konnte Luft durch einen Hahn abgelassen werden; gelegentlich wurde die ausgelassene Luft noch durch eine kleine Luftuhr gelassen, um die Gleichmäßigkeit und Genauigkeit der eben besprochenen Teilung nachzuprüfen, die sich als sehr befriedigend erwies. Es wurden nun der Reihe nach Luftmengen von 4, 2, 1 und 0,5 ltr in der Windhaube gelassen und schließlich ganz ohne Luft gearbeitet. Zum Einstellen des Luftinhaltes wurde die Pumpe jedesmal angehalten, weil sonst die Schwankungen des Wasserspiegels ein genaues Ablesen des Inhaltes unmöglich machten. Die Einstellung geschah dann unter dem statischen Druck der die Druckleitung erfüllenden Wassersäule.

Die Diagramme der Fig. 12 zeigen nun deutlich, wie sich unter Umständen die Schwingungen im Totpunkt anstandslos aneinander fügen und so zu Resonanz Anlaß geben, während sich in anderen Fällen der abklingende und anklingende Zug gegenseitig stören und durch Interferenz vernichten. Freilich sind hier nicht gerade so drastische Verhältnisse getroffen worden, wie sie stellenweise in der Diagrammreihe Fig. 10 vorkommen. Daß immer die vom Stufenkolben erzeugten Schwingungen stärker sind, ist durch die endliche Schubstangenlänge zu erklären.

In jedem der Druckraumdiagramme — die hierzu besser geeignet sind — wurden die Schwingungszeiten von einem höchsten Punkt zum nächsten höchsten oder von einem höchsten Punkt zum nächsten tiefsten Punkt ausgemessen. Die erhaltenen Zahlen sind den Diagrammen zu entnehmen. Die Ergebnisse der Ausmessung dieser und noch weiterer Diagramme finden sich als Mittelwerte später in Zahlentafel 3 wieder, die einen Vergleich mit den durch Rechnung erhaltenen Eigenschwingungszeiten des Inhaltes der Zwischenleitung gestatten soll. Die Vermutung, die Schwingungen fänden in jener statt, wird vollauf bestätigt.

Zur Berechnung der Eigenschwingungszeit wollen wir etwas weiter ausholen, indem wir die Gleichung der Schwingungen so aufstellen, daß sie die verschiedensten örtlichen Verhältnisse berücksichtigt, um später nach Vereinfachungen die für die gerade vorliegenden Verhältnisse ausreichende sehr einfache Ableitung zu geben. Wir benutzen dabei im Anfang der folgenden Ableitung den in der Hydromechanik von Lorenz, S. 58, 168, 181, 189, zu findenden Gedankengang.

3) Aufstellung und Vereinfachung der Schwingungsgleichung.

Wir betrachten eine aus der schwingenden Säule zur Bewegungsrichtung senkrecht herausgeschnittene Scheibe, deren unendlich kleine Länge dl sei, Fig. 13. Der Querschnitt der Säule an jener Stelle sei f, dann ist, wenn $\gamma = 1000$ kg/cbm das spez. Gewicht des schwingenden Mediums und $g = 9{,}81$ die Beschleunigung durch die Schwerkraft ist,

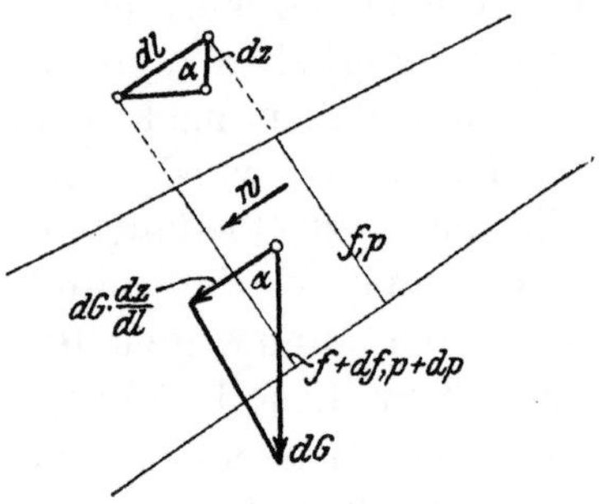

Fig. 13.

$$dm = \frac{f\,dl\,\gamma}{g}$$

die Masse unserer Elementarscheibe. Diese erfährt eine Beschleunigung, die durch $\frac{dw}{dt}$ dargestellt wird, wenn w die Geschwindigkeit der betrachteten Scheibe während der Zeit dt ist. Als beschleunigend kommt erstens ein Druckunterschied dp in Frage, der zwischen den beiden Stirnseiten der Scheibe herrscht, zweitens ist in nicht wagerechten Rohren die Beschleunigung durch die Schwerkraft in Rechnung zu setzen, die eine Kraft gleich dem Gewichte $dG = f dl \gamma$ der Scheibe liefert, von der aber nur die in Richtung der Bewegung fallende Komponente einzusetzen ist. Bedeutet dz die der Länge dl zugeordnete Senkung des Scheibenschwerpunktes, so ist $\frac{dz}{dl}$ der Cosinus des Winkels, den Bewegungsrichtung und Senkrechte miteinander bilden, und die Komponente der Schwerkraft in Richtung der Bewegung ist $f dl \gamma \frac{dz}{dl} = f dz \gamma$. So wird die gesamte in der Bewegungsrichtung beschleunigende Kraft durch den Ausdruck

$$dP = f dp + f dz \gamma$$

gegeben. Als Beschleunigung ergibt sich also der Quotient aus Kraft und Masse

$$\frac{dw}{dt} = \frac{f dp + f dz \gamma}{\frac{f dl \gamma}{g}}$$

oder

$$\frac{dw}{dt} = \frac{g}{\gamma} \frac{\partial p}{\partial l} + g \frac{dz}{dl} \quad \ldots \ldots \ldots \quad (1).$$

Hier ist $\frac{\partial p}{\partial l}$ als partieller Differentialquotient geschrieben, weil der Druck außer von der Länge l auch noch von der Zeit abhängt; für die Beschleunigung in einem bestimmten Zeitpunkt dt ist aber nur der örtliche »Spannungsabfall« maßgebend; gleichgültig ist es, wie sich die Druckverhältnisse zeitlich ändern. $\frac{dz}{dl}$ konnte als vollständige Ableitung geschrieben werden, da dieser Bruch, der Cosinus des Winkels der Bewegungsrichtung gegen die Senkrechte, nur von der örtlichen Anordnung der Rohrleitung abhängt.

Was endlich $\frac{dw}{dt}$ anbelangt, so ist zwar auch dessen Wert vom Ort und von der Zeit abhängig: vom Ort insofern, als ja die Gestaltung des Rohres, ob sich verengernd oder erweiternd, Geschwindigkeitsänderungen auch bei zeitlich gleichmäßig fließendem Strom bedingt, und die Abhängigkeit von der Zeit ist bei Schwingungsvorgängen selbstverständlich. Trotz dieser doppelten Abhängigkeit war $\frac{dw}{dt}$ als totale Ableitung zu schreiben, weil für die gesamte Geschwindigkeitsänderung nur die beiden rechts angedeuteten beschleunigenden Glieder verfügbar sind.

Wir können aber die totale Ableitung nach den Regeln der Differentialrechnung durch die partiellen Ableitungen ersetzen; es ist

$$dw = \frac{\partial w}{\partial t} dt + \frac{\partial w}{\partial l} dl$$

oder

$$\frac{dw}{dt} = \frac{\partial w}{\partial t} + \frac{\partial w}{\partial l} \frac{dl}{dt},$$

und da $\frac{dl}{dt}$ gleich der Geschwindigkeit w selbst ist, so wird

$$\frac{dw}{dt} = \frac{\partial w}{\partial t} + w \frac{\partial w}{\partial l}.$$

Dies in Gl. (1) eingesetzt, gibt:

$$\frac{g}{\gamma} \frac{\partial p}{\partial l} + g \frac{dz}{dl} = \frac{\partial w}{\partial t} + w \frac{\partial w}{\partial l}$$

$$\frac{g}{\gamma} \frac{\partial p}{\partial l} dl + g dz = \frac{\partial w}{\partial t} dl + w \frac{\partial w}{\partial l} dl \quad \ldots \ldots \quad (2).$$

Diese Beziehung, die während der Zeit dt die Drücke und Geschwindigkeiten über die Länge l hin festlegt, können wir über die Länge l hin integrieren, sofern keine Unstetigkeiten im Druck und in der Geschwindigkeit, also keine plötzlichen Querschnittänderungen über diese Länge hin vorkommen. Wenn also bei l' und l'' Querschnittänderungen vorliegen, so integrieren wir von l' bis l'' und können die Integration gleich ausführen, soweit die Glieder nur von l abhängen:

$$\frac{g}{\gamma}(p''-p')+g(z''-z')=\int_{l=l'}^{l=l''}\frac{\partial w}{\partial t}\,dl+\frac{w''^2-w'^2}{2}.$$

Teilen wir durch g, so haben wir in

$$\frac{p''-p'}{\gamma}+(z''-z')=\frac{1}{g}\int_{l=l'}^{l=l''}\frac{\partial w}{\partial t}\,dl+\frac{w''^2-w'^2}{2g} \quad \ldots\ldots \quad (2a).$$

eine Gleichung, deren Glieder alle in Meter Wassersäule gemessen sind. Die Wirkung der links stehenden Kräfte — Druck- und Höhenunterschied zwischen beiden Enden der betrachteten Länge — wird belegt einesteils durch den Unterschied an Geschwindigkeitshöhe der in die betrachtete Länge ein- und aus ihr austretenden Wassermasse, andernteils durch ein Glied, das etwaigen Aenderungen Rechnung tragen soll, die die kinetische Energie der in der Leitung verbleibenden Wassermasse erfährt — Aenderungen, die eintreten werden, wenn die während der Zeit dt im Rohr verbleibende Masse eine zeitliche Beschleunigung erfährt.

Bei diesem Gliede konnte die Integration über die Länge hin nicht ausgeführt werden, eben weil es von den zeitlichen Aenderungen der Geschwindigkeit abhängt; die Integration wird durch folgende Ueberlegung ausführbar. Wenn an irgend einer Stelle der Rohrleitung, bei l_0, der Querschnitt f_0 ist, so gilt für jede beliebige Stelle mit dem Querschnitt f die Beziehung:

$$fw=f_0 w_0 \quad \ldots\ldots\ldots\ldots \quad (3)$$

wegen der Kontinuität der Strömung, und diese Beziehung bleibt auch richtig, wenn wir unter w_0 die Geschwindigkeit verstehen, die immer das an einer bestimmten Stelle der Rohrleitung, eben bei l_0, befindliche Wasser hat, sie also auf eine bestimmte Stelle der Rohrleitung beziehen, während f und w auf bestimmte Wasserteile bezogen zu denken sind, also im Verlauf der Zeit mit diesen Wasserteilen durch die Rohrlänge hin wandern, gegebenenfalls hin- und herschwingen. Verstehen wir aber so, so können wir Gl. (3) wie folgt differenzieren:

$$f\frac{\partial w}{\partial t}=f_0\frac{dw_0}{dt};\quad \frac{\partial w}{\partial t}=\frac{f_0}{f}\frac{dw_0}{dt} \quad \ldots\ldots\ldots \quad (3a).$$

Obwohl wir beiderseits nach t partiell abgeleitet haben, konnten wir doch rechts den totalen Differentialquotienten schreiben, weil w_0 auf einen bestimmten Ort bezogen, also nur noch von t abhängig ist. Nun kann das noch nicht integrierte Glied der Gl. (2a) geschrieben werden:

$$\int_{l=l'}^{l=l''}\frac{\partial w}{\partial t}\,dl=\int_{l=l'}^{l=l''}\frac{f_0}{f}\frac{dw_0}{dt}\,dl=f_0\frac{dw_0}{dt}\int_{l=l'}^{l=l''}\frac{dl}{f}$$

— auch $\frac{dw_0}{dt}$ konnte als in bezug auf dl konstant vor das Integralzeichen gesetzt werden —, und die Integration kann ausgeführt werden, sofern die Abhängigkeit des Querschnittes f von der Länge l bekannt ist. Ist diese Beziehung — wie für den nicht zylindrischen Teil der Windhaube, Fig. 11 — nur durch die Werkzeichnung gegeben, so hat die Integration nach Verzeichnung der Kurve $\frac{1}{f} = \varphi(l)$ mittels Planimeters zu erfolgen, für mathematisch definierbare Längenprofile des Rohres kann das Integral auch wohl rechnerisch gefunden werden, für einfach zylindrische Rohre, $f =$ konst, ist es durch $\frac{l}{f}$ zu ersetzen. Allgemein aber wird aus Gl. (2a):

$$\frac{p''-p'}{\gamma} + (z''-z') = \frac{1}{g} f_0 \frac{d w_0}{dt} \int_{l=l'}^{l=l''} \frac{dl}{f} + \frac{w''^2 - w'^2}{2g} \quad \ldots\ldots \quad (2\text{b}).$$

Besteht eine Rohrleitung aus mehreren, etwa drei Teilen, deren jeder durch plötzliche Querschnittänderungen begrenzt wird, so wäre mit passenden Indizes zu schreiben

$$\left.\begin{aligned} \frac{1}{\gamma}(p' - p_1) + (z' - z_1) &= \frac{1}{g} f_0 \frac{d w_0}{dt} \int_0^{l'} \frac{dl}{f} + \left(\frac{w'^2}{2g} - \frac{w_1^2}{2g}\right) \\ \frac{1}{\gamma}(p'' - p') + (z'' - z') &= \frac{1}{g} f_0 \frac{d w_0}{dt} \int_{l'}^{l''} \frac{dl}{f} + \left(\frac{w''^2}{2g} - \frac{w'^2}{2g}\right) \\ \frac{1}{\gamma}(p_2 - p'') + (z_2 - z'') &= \frac{1}{g} f_0 \frac{d w_0}{dt} \int_{l''}^{l} \frac{dl}{f} + \left(\frac{w_2^2}{2g} - \frac{w''^2}{2g}\right) \end{aligned}\right\} \quad \ldots \quad (2\text{c}),$$

und durch Addieren erhält man

$$\frac{1}{\gamma}(p_2 - p_1) + (z_2 - z_1) = \frac{1}{g} f_0 \frac{d w_0}{dt} \sum_0^l \int \frac{dl}{f} + \left(\frac{w_2^2}{2g} - \frac{w_1^2}{2g}\right) \quad \ldots \quad (2\text{d}).$$

Das Integralzeichen gilt je über Strecken stetiger Querschnittänderung, das Summenzeichen deutet die Summation der gebildeten Abschnitte an, und beide Zeichen zusammen sollen über die Strecke 0 bis l gehen, über die hin eine einheitliche Wasserbewegung insofern stattfindet, als für sie überall die gleiche Wassermenge gemäß der Kontinuitätsgleichung (3) zu setzen ist. Diese Beschränkung liegt in der Verwendung des gleichen Bezugsquerschnittes f_0 und der zugehörigen Geschwindigkeit w_0 für alle Teile der Leitung. Man darf daher eigentlich Gl. (2d) nicht über die Einmündung der Wasserförderung des Plungers in die schwingende Säule hinaus erstrecken, eine bei Fig. 11 offenbar nicht belangreiche Einschränkung.

Beim Zusammenzählen der drei Gleichungen (2c) haben wir jeweils die Endgeschwindigkeit eines der Abschnitte als Anfangsgeschwindigkeit des nächsten in Rechnung gestellt. Man wird den tatsächlichen Verhältnissen, wie sie insbesondere bei senkrechter Abbiegung der Flüssigkeitssäule an der Einmündung der Zwischenleitung in Fig. 11 vorliegen, besser gerecht werden, wenn man die Endgeschwindigkeit jedes der Teile als verloren ansieht; tut man das ja doch auch bei Berechnung von Leitungen für gleichmäßige Strömung allgemein. Ein Mittelweg wäre die Einführung nur des Stoßverlustes. Sieht man also die Endgeschwindigkeiten als verloren an, so erhält man beim Zusammenzählen der drei Gleichungen

$$\frac{p_2 - p_1}{\gamma} + (z_2 - z_1) = \frac{1}{g} f_0 \frac{d w_0}{dt} \sum_0^l \int \frac{dl}{f} + \left(\frac{w_2^2}{2g} + \frac{w_1^2}{2g}\right) + \frac{w'^2}{2g} + \frac{w''^2}{2g} \quad . \quad . \quad (2\text{e}).$$

Nur die Endgeschwindigkeiten in den Zwischenpunkten werden als verloren anzusehen sein, nicht auch die Endgeschwindigkeit w_1, die ja von dem Luftpolster elastisch und umkehrbar aufgefangen wird und sich nicht in Wirbel auflösen kann.

Zur bequemeren weiteren Behandlung kann man bezüglich des Summen-Integral-Gliedes noch fragen: Welche Länge müßte eine Säule vom festen Bezugsquerschnitte f_0 haben, damit diese Säule den gleichen Bezugsgesetzen gehorche wie die aus Stücken wechselnden Querschnittes zusammengesetzte? und wir

Fig. 14. Normale Kolbenweg-Diagramme am Pumpenraum und Druckraum. 6 mm = 1 at. 1/3 nat. Größe.

a) Luftinhalt konstant.

Nr. VIII. 11. Oktober 1910, 12 Uhr 13 Min. 20 Uml./min. V_0 = rd. 4 ltr.

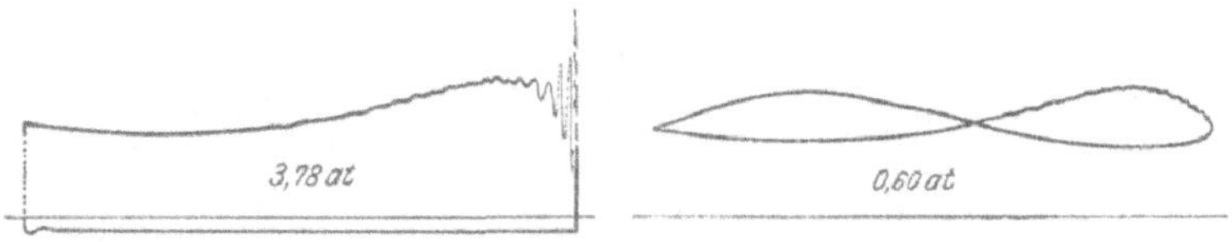

Nr. IIIa. 11. Oktober 1910, 12 Uhr 19 Min. 40 Uml./min. V_0 = rd. 4 ltr.

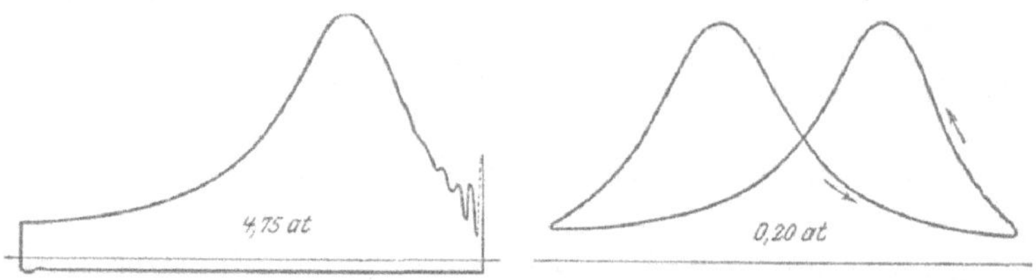

Nr. IX. 11. Oktober 1910, 12 Uhr 22 Min. 50 Uml./min. V_0 = rd. 4 ltr.

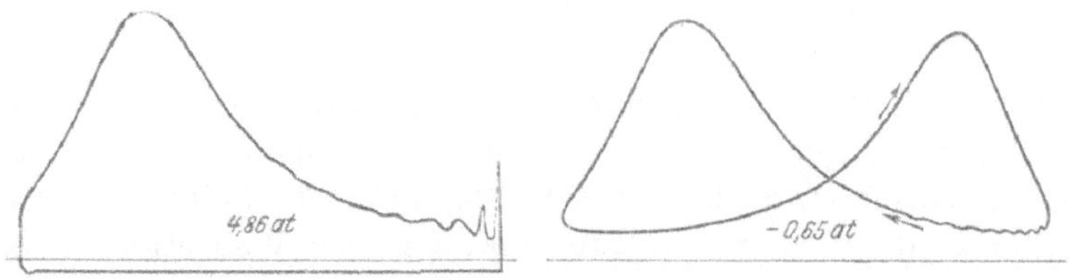

Nr. X. 11. Oktober 1910, 12 Uhr 26 Min. 60 Uml./min. V_0 = rd. 4 ltr.

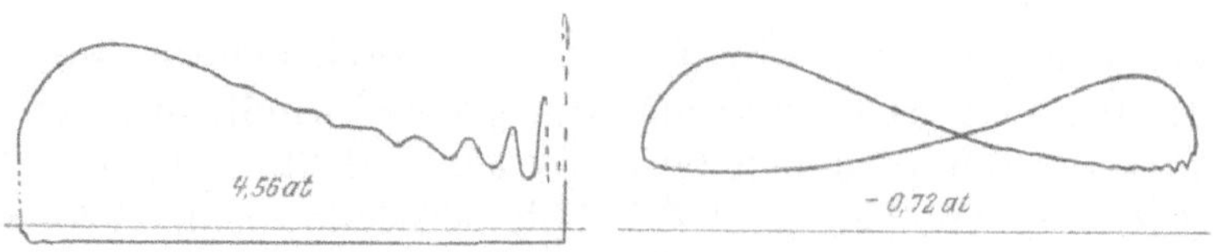

Nr. XI. 11. Oktober 1910, 12 Uhr 34 Min. 80 Uml./min. V_0 = rd. 4 ltr.

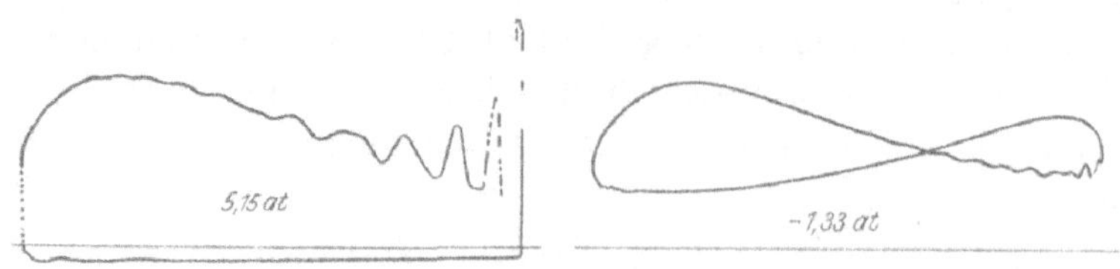

Nr. XII. 11. Oktober 1910, 12 Uhr 37 Min. 100 Uml./min. V_0 = rd. 4 ltr.

Fig. 15. Normale Kolbenweg-Diagramme am Pumpenraum und Druckraum. 6 mm = 1 at.
1/3 nat. Größe.

b) Umlaufzahl konstant.

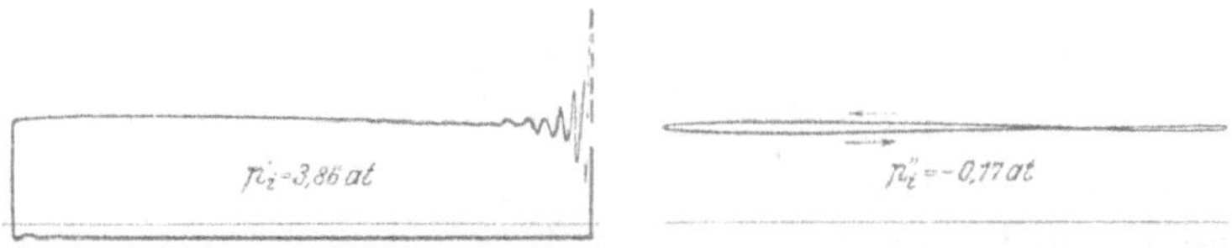

Nr. XIII. 11. Oktober 1910, 12 Uhr 1 Min. 40 Uml./min. V_0 = rd. 30 ltr.

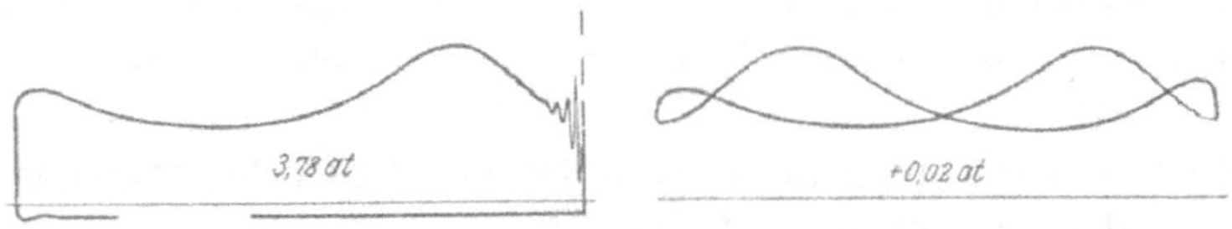

Nr. IVa. 6. September 1910, 4 Uhr 59 Min. 40 Uml./min. V_0 = rd. 2 ltr.

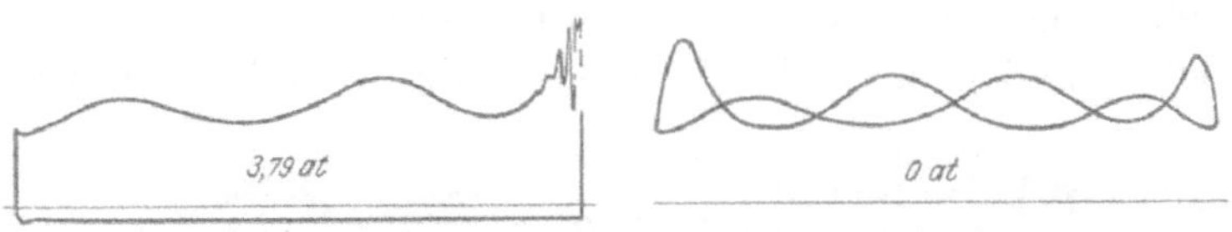

Nr. XIV. 6. September 1910, 5 Uhr 13 Min. 40 Uml./min. V_0 = rd. 0,5 ltr.

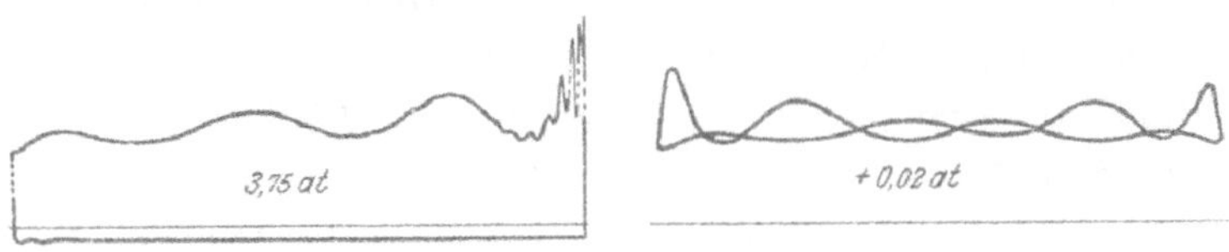

Nr. XV. 11. Oktober 1910, 11 Uhr 44 Min. 40 Uml./min. V_0 = rd. 0.

können diese Länge l_0 als abgeleitete Länge der vorhandenen Wassermasse ansehen — bezogen auf den Querschnitt f_0. Offenbar müßte sein

$$\frac{l_0}{f_0} = \sum_0^l \int \frac{dl}{f},$$

und die Säule — die übrigens nur in bezug auf den Einfluß des Summen-Integral-Gliedes, nicht auch für die Geschwindigkeitshöhen und für die damit verbundenen Stoßverluste die wirkliche Säule zu vertreten geeignet ist — müßte die abgeleitete Länge haben

$$l_0 = f_0 \sum_0^l \int \frac{dl}{f} \quad . \quad . \quad . \quad . \quad . \quad . \quad . \quad . \quad . \quad . \quad . \quad (4).$$

Setzen wir noch, da ja in einem zusammenhängenden Wasserstrom alle Geschwindigkeiten w_1, w_2, w', w'' der Geschwindigkeit w_0 proportional sind, an Stelle der verschiedenen Geschwindigkeitshöhen $A\frac{w_0^2}{2g}$ ein, wo A eine Konstante sein soll, so wird

$$\frac{p_2 - p_1}{\gamma} + (z_2 - z_1) = \frac{1}{g}\, l_0 \frac{dw_0}{dt} + A\frac{w_0^2}{2g}.$$

Die einzelnen Glieder dieser Gleichung sind nach wie vor Druckhöhen, in Meter Wassersäule gemessen. Würden wir beide Seiten mit $f_0\gamma$ multiplizieren, so entstände

$$f_0(p_2 - p_1) + f_0\gamma(z_2 - z_1) = \frac{\gamma f_0 l_0}{g}\frac{dw_0}{dt} + A\frac{w_0^2}{2g} f_0 \gamma \quad . \quad . \quad . \quad . \quad (2\text{f}),$$

eine Gleichung, deren Glieder in Kilogramm gemessene Kräfte sind. Die Kräfte, die auf die schwingende Säule einwirken, stehen links. Rechts finden wir das Produkt der Beschleunigung $\frac{dw_0}{dt}$ mit einem Glied

$$\frac{\gamma f_0 l_0}{\gamma} = m_0 = \frac{\gamma f_0^2}{g} \sum_0^l \int \frac{dl}{f} \quad \ldots\ldots\ldots \quad (4\text{a}),$$

das wir als die auf den Querschnitt f_0 bezogene Masse des Wasserinhaltes bezeichnen können; sie ist ein Maß für die Trägheitsverhältnisse der Säule unter Berücksichtigung der Querschnittverhältnisse an allen Stellen der Länge, ähnlich wie das Trägheitsmoment ein Maß für die Trägheitsverhältnisse sich drehender Massen ist. Das letzte Glied der Gl. (2f) stellt die Kraftverluste durch Stoß dar.

Gl. (2f) ist nun zur Integration nach der Zeit t zurechtzumachen. Die Werte von p und z sind dazu durch Einführen von w_0 zu eliminieren. Zu diesem Zweck stehen allgemein folgende Beziehungen zur Verfügung, die aus den besonderen Abmessungen der Anlage zu entnehmen sind.

Die Zustandsänderungen der Luft in beiden Windkesseln werden den Gesetzen folgen

$$\left.\begin{aligned} p_2 V_2^k &= p_{02} V_{02}^k \\ p_1 V_1^k &= p_{01} V_{01}^k \end{aligned}\right\} p_2 - p_1 = \frac{p_{02} V_{02}^k}{V_2^k} - \frac{p_{01} V_{01}^k}{V_1^k} \quad \ldots\ldots \quad (5),$$

wobei durch den Index o die Mittelwerte von Druck p und Volumen V angedeutet sind. (Der Begriff Mittelwert wird später noch erläutert.)

Wenn die Windkessel zylindrisch sind, so sind die Spiegeländerungen z den Volumenänderungen proportional:

$$\left.\begin{aligned} z_2 - z_{02} &= \frac{V_2 - V_{02}}{f_2} \\ z_1 - z_{01} &= \frac{V_1 - V_{01}}{f_1} \end{aligned}\right\} z_2 - z_1 = \frac{V_2 - V_{02}}{f_2} - \frac{V_1 - V_{01}}{f_1} + z_0 \quad . \; . \quad (5\text{a}),$$

wenn $z_0 = z_{01} - z_{02}$.

Ueberdies ist noch, so lange der Spannungsabfall zwischen beiden Windkesseln klein ist, $p_{02} - p_{01} \infty \gamma z_0$. Bei Druckleitungen wird man übrigens alle Werte z meist vernachlässigen können, bei Saugleitungen aber oft nicht.

Endlich muß wegen der Unzusammendrückbarkeit des Wassers zu jeder Zeit die Aenderung der Windkesselinhalte belegt werden durch den Unterschied dessen, was in den Windkessel an Wasser hinein, und was aus ihm herausgeht. Die Maschine fördert bei einem Förderraum V_h und einer Winkelgeschwindigkeit ω sekundlich die Wassermenge $\frac{V_h \omega}{2\pi}$ im Durchschnitt der Zeit; die jeweilige (wechselnde) Förderung des Kolbens während der Zeit dt wird durch den Ausdruck $\frac{1}{2} \omega V_h [\cos \omega t]$ dargestellt, wenn t von der Hubmitte an rechnet und doppelte Wirkung zweier gleicher Kolben angenommen ist, wie das auch für Stufenkolbenpumpen auf der Druckseite zutrifft. Die eckige Klammer um den Wert $[\cos \omega t]$ soll andeuten, daß nur die absoluten Werte des innen stehenden Ausdruckes zu nehmen sind; der Gang der Ventile verhindert ja, daß ein negatives Vorzeichen des cos je Bedeutung erlangt. Also muß sein

$$\left.\begin{aligned} &\text{für die Windhaube über dem Kolben:} \\ &\qquad dV_1 = f_0 w_0 dt - \tfrac{1}{2} \omega V_h [\cos \omega t] \;\ldots\ldots \\ &\text{für den Windkessel vor der Hauptdruckleitung:} \\ &\qquad dV_2 = V_h \frac{\omega}{2\pi} dt - f_0 w_0 dt \;\ldots\ldots\ldots \end{aligned}\right\} \;\ldots\ldots \quad (6),$$

letzteres freilich unter der Annahme, daß der Strom in der Hauptdruckleitung gleichmäßig sei —, sonst sind ja in ihr wieder Schwingungen möglich, und dann wäre auf Interferenzerscheinungen im Windkessel zu rechnen, was zu unübersehbaren Verwicklungen führt.

Aber auch die Einführung der Werte (5) bis (6) in Gl. (2f) würde zu so unübersichtlichen Ergebnissen führen, daß es zweckmäßig sein wird, die Ableitung auf den praktisch meist in Frage kommenden Fall zu beschränken, wo v_{02} sehr groß nicht nur gegen v_h und v_{01} ist, sondern auch gegen die durch Schwingungen hin- und hergeworfenen Wassermengen — und ferner die Schwankungen z der Spiegel als klein gegenüber den Drücken anzusehen.

Mit dieser Vereinfachung zugleich wollen wir folgende Bezeichnung einführen: Es sei p_0 der mittlere Druck in der Windhaube (dem kleinen Windkessel), dieser stellt zugleich unter Berücksichtigung eines etwa vorhandenen als unveränderlich anzunehmenden Spiegelabstandes den Druck dar, der dauernd im (großen) Windkessel herrscht. V_0 sei das mittlere Volumen der Luft in der Windhaube. Die jeweiligen Abweichungen des Druckes und Volumens vom Mittelwert seien mit V und p bezeichnet, so daß $V_0 + V$ und $p_0 + p$ die jeweiligen Volumina und absoluten Drücke sind. Als Bezugsquerschnitt f_0 soll naturgemäß der der Zwischenleitung gewählt werden, und die Massen der im Windkessel befindlichen Wassersäulen sollen auf ihn bezogen oder deren Länge zu der Länge der Zwischenleitung hinzugezählt werden.

Dann wird man übersehen können, daß die Gleichungen folgende einfachere Gestalt annehmen: Die Beschleunigungsgleichung (2f) lautet jetzt

$$f_0 p = m_0 \frac{d w_0}{d t} + A \frac{w_0^2}{2 g} f_0 \gamma \quad \ldots\ldots\ldots \quad (2\text{g}).$$

Hierzu tritt das Gesetz, nach dem die Druckänderungen in der Windhaube verlaufen, nämlich mit $k = 1$, also unter Annahme isothermer Aenderungen

$$p = \frac{p_0 V_0^k}{(V_0 + V_0^k)} - p_0 \quad \ldots\ldots\ldots \quad (5\text{b}),$$

ferner tritt hinzu die Volumengleichung für die Wassermenge, für die sein muß:

$$f_0 w_0 = \frac{d V}{d t} + {}^1/_2 V_h \omega [\cos \omega t] \quad \ldots\ldots \quad (6\text{a}).$$

Die eckige Klammer soll wieder andeuten, daß stets der absolute Wert des innen stehenden Ausdruckes einzuführen ist. Durch Differenzieren erhalten wir:

$$f_0 \frac{d w_0}{d t} = \frac{d^2 V}{d t^2} - {}^1/_2 V_h \omega [\sin \omega t] \quad \ldots\ldots \quad (6\text{b}).$$

Führt man $\frac{d w_0}{d t}$ aus Gl. (6b) und p aus Gl. (5b) in Gl. (2g) ein und setzt unter Einführung einer neuen Konstanten ε das letzte Glied der Gl. (2g), gleich $\varepsilon \frac{w_0^2}{2 g}$, so erhält man

$$f_0 \left(\frac{p_0 V_0^k}{(V_0 + V_0)^k}\right) - p_0 = \frac{m_0}{f_0} \left(\frac{d^2 V}{d t^2} - {}^1/_2 V_h \omega^2 [\sin \omega t]\right) + \varepsilon \frac{w_0^2}{2 g} f_0 \gamma$$

— jedes Glied dieser Gleichung ist in kg gegeben; — oder

$$m_0 \left\{\frac{d^2 V}{d t^2} - {}^1/_2 V_h \omega^2 [\sin \omega t]\right\} + \varepsilon \frac{w_0^2 \gamma}{2 g} = - f_0^2 p_0 \frac{V}{V_0 + V} \quad \ldots \quad (2\text{h})$$

— jedes Glied dieser Gleichung ist in kg/qm gegeben.

Im übrigen ist dies die Gleichung einer erzwungenen, quadratisch gedämpften, unsymmetrischen Schwingung, die sich nicht mehr auf die Geschwindigkeitsänderungen der Wassersäule, sondern auf die Volumenänderungen des Windkessels bezieht. Der Uebergang auf diesen hat den Vorteil, daß die fortschreitende Bewegung ausgeschaltet ist — außer freilich für die Dämpfung. Man könnte ohne weiteres eine Gleichung zwischen V und t herstellen, indem man w_0 durch den Ausdruck (7 a) ersetzt; aber dadurch würde der Zwiespalt nur verwischt werden, der naturgemäß darin liegt, daß der Impuls vom Luftinhalt der Windhaube, die Dämpfung aber von der Wassergeschwindigkeit im Zwischenrohr abhängt, und der die Auswertung der Gleichung unmöglich macht, auch abgesehen von der Schwierigkeit, die eckige Klammer zu berücksichtigen, und der weiteren, die wir bald sehen werden.

Das in eckiger Klammer stehende Glied führt den Zwang des Kurbeltriebes in die Gleichung ein, das Glied $\varepsilon \frac{w_0^2 \gamma}{2g}$ stellt die Dämpfung dar. Man wird keine Bedenken zu tragen brauchen, für die Berechnung der Schwingungszeit, auf die es uns ankommt, beide Glieder fortzulassen. Mäßige Dämpfungen haben bekanntlich einen außerordentlich geringen Einfluß auf die Schwingungszeit. Dann wird aber auch das Zwangsglied keinen großen Einfluß haben; denn der Augenschein lehrt an den Diagrammen, daß die Schwingungen mit unverminderter Stärke fortlaufen, daß es sich also um »scheinbar ungedämpfte« Schwingungen in dem Sinne handelt, daß die durch Dämpfung verlorene Energie durch den Zwang eben ersetzt wird. Insofern handelt es sich nicht um zwei Vernachlässigungen, sondern um Fortlassen zweier sich in der Wirkung einigermaßen aufhebender Glieder.

Durch Fortlassen dieser Glieder haben wir in

$$m_0 \frac{d^2 V}{dt^2} = -f_0^2 p_0 \left\{ \frac{V_0^k}{(V_0 + V)^k} - 1 \right\} \quad . \; . \; . \; . \; . \; . \; . \; . \quad (2\,\text{i})$$

die Gleichung einer ungedämpften freien Schwingung, die etwa stattfindet, wenn nach Stillsetzen der Pumpe die Säule in der widerstandslos gedachten Leitung nachklingt; man könnte sie für diesen Fall auch unmittelbar aufstellen. Für isotherme Aenderung, $k = 1$, ginge sie über in

$$m_0 \frac{d^2 V}{d t^2} = - f_0^2 p_0 \frac{V}{V_0 + V} = - \frac{f_0^2 p_0}{V_0 + V} V \quad . \; . \; . \; . \; . \; . \quad (2\,\text{j}).$$

Da übrigens aus einfacher Division die Beziehung

$$\frac{V}{V_0 + V} = \frac{V}{V_0} \left\{ 1 - \frac{V}{V_0} + \left(\frac{V}{V_0}\right)^2 - \left(\frac{V}{V_0}\right)^3 + \left(\frac{V}{V_0}\right)^4 - \ldots \right\} = \frac{V}{V_0} \left\{ 1 - \frac{V}{V_0} \right\} \left\{ 1 + \left(\frac{V}{V_0}\right)^2 + \left(\frac{V}{V_0}\right)^4 + \ldots \right\}$$

folgt, so könnte man auch statt Gl. (2 i) schreiben

$$m_0 = \frac{d^2 V}{dt^2} = - \frac{f_0^2 p_0}{V_0} V \left\{ 1 - \frac{V}{V_0} \right\} \left\{ 1 + \left(\frac{V}{V_0}\right)^2 + \left(\frac{V}{V_0}\right)^4 + \ldots \right\} \quad . \; . \quad (2\,\text{k})$$

oder auch, indem man $\frac{V}{V_0} = V$ setzt,

$$m_0 \frac{d^2 V}{dt^2} = - \frac{f_0^2 p_0}{V_0} (V - V^2 + v^3 - \ldots) \quad . \; . \; . \; . \; . \; . \quad (2\,\text{l}).$$

Doch sind alle diese Reihen für große Amplituden nicht konvergent.

In Gl. (2i) können wir übrigens auch leicht V durch p ersetzen. Es ist zu setzen:

$$\frac{V_0^k}{(V_0 + V)^k} = \frac{p_0 + p}{p_0} .$$

Daraus folgt

$$V = V_0 \left\{ \left(\frac{p_0}{p_0 + p} \right)^{\frac{1}{k}} - 1 \right\}$$

$$\frac{dV}{dt} = -V_0 \frac{1}{k} \left(\frac{p_0}{p_0 + p} \right)^{\frac{k-1}{k}} \frac{p_0}{(p_0 + p)^2} \frac{dp}{dt} = - \frac{V_0}{k} \frac{p_0^{\frac{1}{k}}}{(p_0 + p)^{\frac{1}{k}+1}} \frac{dp}{dt}$$

$$\frac{d^2V}{dt^2} = + \frac{V_0 p_0^{\frac{1}{k}}}{k} \left(\frac{1}{k} + 1 \right) \frac{1}{(p_0 + p)^{\frac{1}{k}+2}} \left(\frac{dp}{dt} \right)^2 - \frac{V_0}{k} \frac{p_0^{\frac{1}{k}}}{(p_0 + p)^{\frac{k+1}{k}}} \frac{d^2p}{dt^2}$$

$$= - \frac{V_0 p_0^{\frac{1}{k}}}{k} \frac{2}{(p_0 + p)^{\frac{k+1}{k}}} \left\{ \frac{d^2p}{dt^2} - \left(\frac{1}{k} + 1 \right) \frac{1}{(p_0 + p)} \left(\frac{dp}{dt} \right)^2 \right\}.$$

Durch Einsetzen dieser Werte in Gl. (2i) erhält man

$$m_0 \left\{ \frac{d^2p}{dt^2} - \left(\frac{k+1}{k} \right) \frac{1}{p_0 + p} \left(\frac{dp}{dt} \right)^2 \right\} = - \frac{f_0^2 k (p_0 + p)^{\frac{k+1}{k}}}{V_0 p_0^{\frac{1}{k} - 1}} \left\{ 1 - \frac{p_0 + p}{p_0} \right\}$$

$$= + \frac{f_0^2 k}{V_0} (p_0 + p)^2 \left(\frac{p_0 + p}{p_0} \right)^{\frac{1}{k}} \frac{p}{p_0 + p} = + k \frac{f_0^2 p_0}{V_0} \frac{p}{p_0} (p_0 + p) \left(1 + \frac{p}{p_0} \right)^{\frac{1}{k}} . \quad (2\,\text{m}).$$

Gl. (2j) kann man als die bekannte Gleichung von Schwingungen ansehen, die eine Masse m_0 unter dem Einflusse einer durch die Federkonstante

$$c = \frac{f_0^2 p_0}{V_0 + V} \quad . \ . \ . \ . \ . \ . \ . \ . \ . \ . \ . \ (7\,\text{a})$$

bestimmten elastischen Kraft vollführt — wobei das übliche Wort Federkonstante allerdings unter dem Vorbehalt übernommen wird, daß es sich um keine Feder, sondern um ein elastisches Luftpolster handelt, und vor allen Dingen, daß es sich um keine Konstante, sondern um eine Größe handelt, die noch mit dem jeweiligen V veränderlich ist. Die Federkonstante nimmt zu mit abnehmendem Luftvolumen, für das Luftvolumen $V = -V_0$ würde die elastische Kraft unendlich groß werden — der Luftinhalt kann also niemals bis auf das Volumen null kommen —, und erst für $V = \infty$ würde die elastische Kraft zu null werden. Nur wenn man die zusätzlichen Volumina V gegenüber dem mittleren Volumen V_0 vernachlässigen kann — nur für sehr kleine Schwingungsausschläge —, wäre mit einer Federkonstanten

$$c = \frac{f_0^2 p_0}{V_0} \quad . \ . \ . \ . \ . \ . \ . \ . \ , \ . \ . \ . \ (7)$$

zu rechnen, und es würde sich nach bekannten Schwingungsgesetzen die Schwingungszeit ergeben

$$t_s = 2 \sqrt{\frac{m_0}{c}} \quad . \ . \ . \ . \ . \ . \ . \ . \ . \ . \ . \ (8).$$

Auf dasselbe Ergebnis kommt man, wenn man in Gl. (2k) die beiden Klammern gleich eins setzt, was auch nur für kleine Werte von V angeht.

Da wir sehen werden, daß bei den wirklich vorkommenden Schwingungen V ein Vielfaches von V_0 werden kann, so ist die jetzt vorgenommene Vereinfachung jedenfalls bedenklicher als die früheren, und es kann nur durch den Versuch entschieden werden, ob die Vereinfachungen zulässig sind. Eine ebenso bedenkliche Vereinfachung liegt übrigens schon in der Annahme isothermischer

Zustandsänderung. Wenn an sich die Beibehaltung des Exponenten k in der Formulierung keine Schwierigkeiten macht, so ist doch zu bemerken, daß mit seiner Einführung allein noch nichts geholfen war; es bedurfte noch einer Annahme darüber, wie sich die dem mittleren Druck p_0 zugeordnete Temperatur

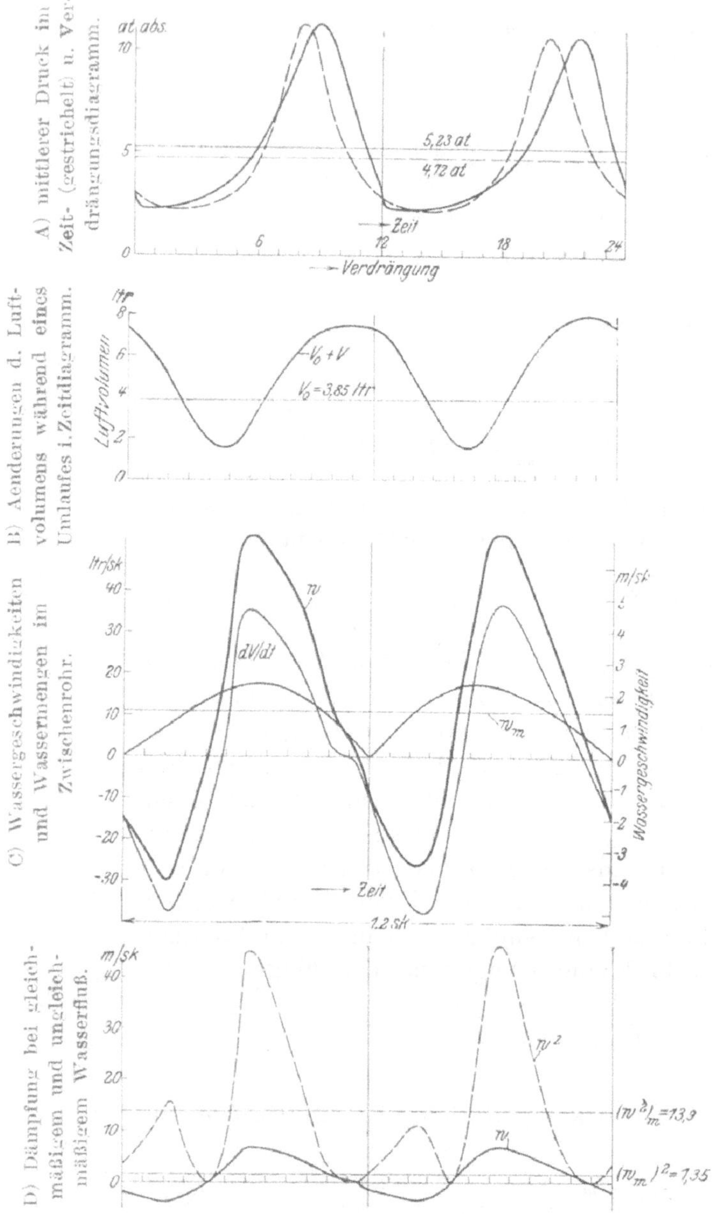

Fig. 16. $n = 50$; $V_0 = 4$ ltr. **Auswertung des Diagrammes Nr. IX der Fig. 14; isothermische Zustandsänderung.**

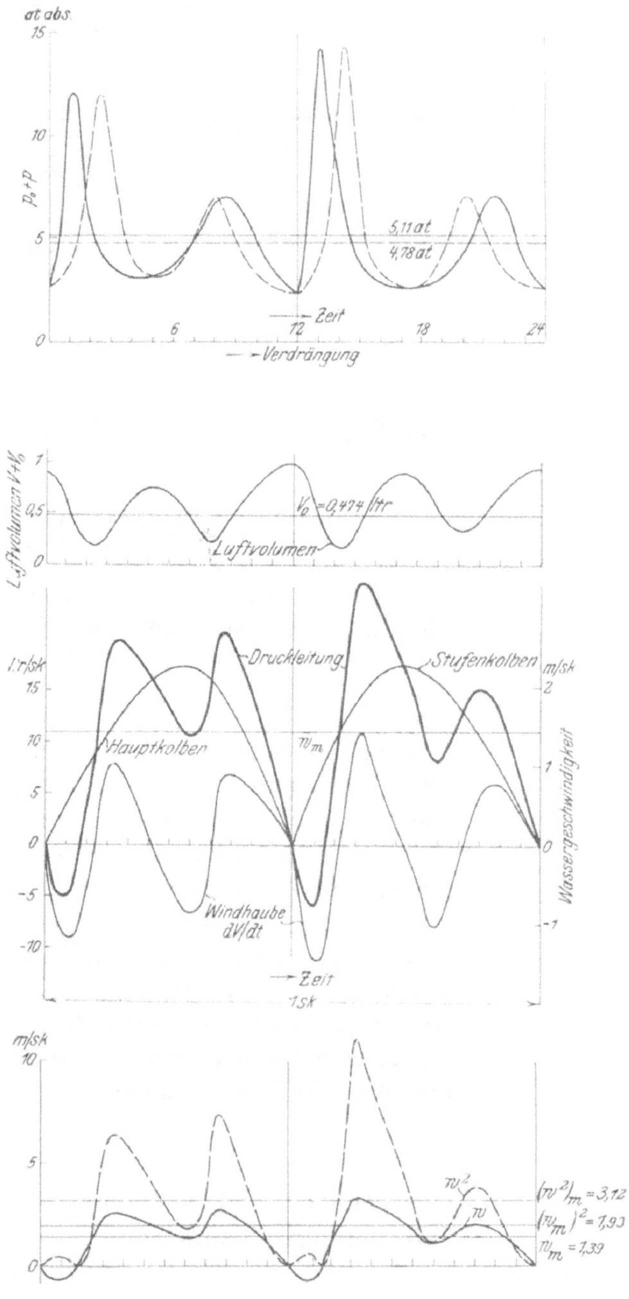

Fig. 17. $n = 60$; $V_0 = 0{,}5$ ltr. **Auswertung des Diagrammes Nr. VII der Fig. 12; isothermische Zustandsänderung.**

T_0 im Beharrungszustand einstellt, und für beide Annahmen — die von k wie von T_0 — fehlen die Unterlagen, wie am Ende des Abschnittes 5 noch erörtert werden wird. So wird man am besten tun, es bei der einfachen Annahme $k = 1$ bewenden zu lassen, wird aber sagen müssen, daß die Uebereinstimmung der berechneten und der beobachteten Schwingungszeit in der Vollkommenheit, wie wir sie finden werden, großenteils auf einem Zufall beruhen muß, den wir auch noch erkennen werden.

Die bei unveränderlichem c sich ergebenden Schwingungen haben sinusartigen Charakter; die Veränderlichkeit von c bringt es mit sich, daß nach der Seite kleineren Luftvolumens, höheren Druckes hin die Kurven aus Elementen größerer Federkonstanten, kürzerer Schwingungsdauer geschrieben werden als nach der anderen Seite hin: die Kurven sind unsymmetrisch, nach der Seite höheren Druckes hin spitz, nach der anderen flach verlaufend. Diesen Charakter der Kurven kann man in den Schaubildern Fig. 16 bis 19B bestätigt finden, in deren unterem Teil die aus zwei Druckdiagrammen abgeleiteten Volumenänderungen dargestellt sind. Wir kommen gleich auf diese Schaubilder zurück. — Die Druckdiagramme Fig. 12 sind übrigens noch deutlicher unsymmetrisch.

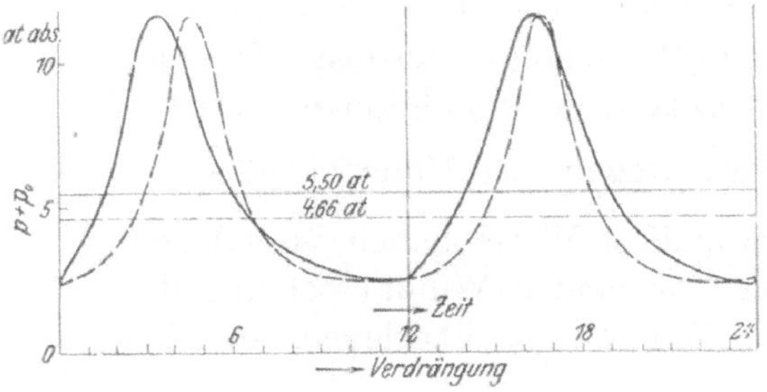

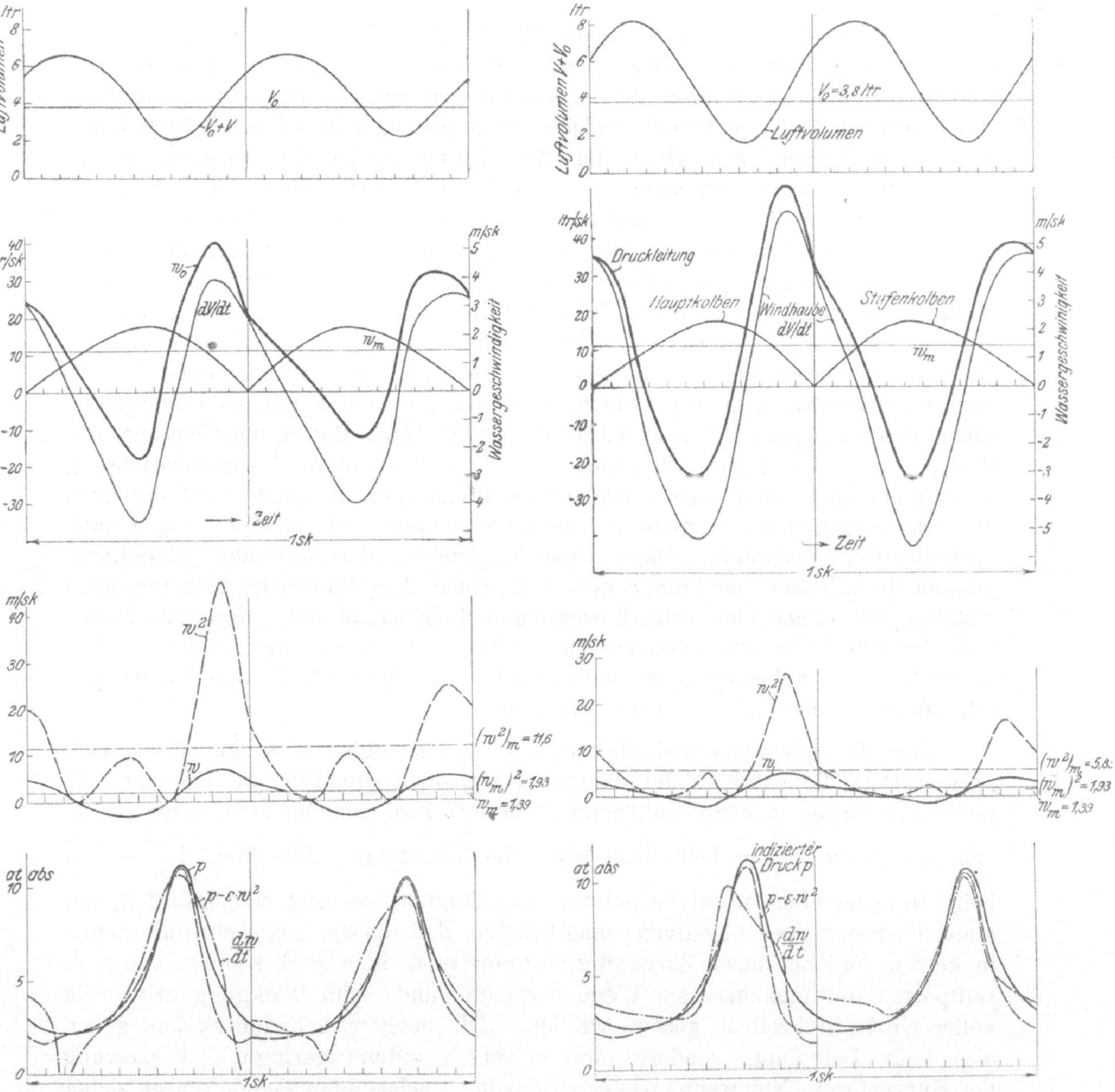

E) erforderliche und verfügbare Beschleunigungsdrücke.

Fig. 18. Isothermische Zustandsänderung. **Fig. 19. Adiabatische Zustandsänderung**

Fig. 18 und 19. $n = 60$; $V_0 = 4$ ltr. Auswertung des Diagrammes Nr. X der Fig. 14.

Bevor wir an die Ausrechnung der Schwingungszeit gehen, soll noch Folgendes über die Dämpfungsverhältnisse gesagt werden. Die Dämpfung wird in Gl. (2h) durch das Glied $\varepsilon \frac{w_0^2}{2g}$ eingeführt und geht vorher auf die Summe der verschiedenen Geschwindigkeitshöhen $\frac{w^2}{2g}$ zurück, die in Gl. (2e) aufgezählt waren und die wir als verloren ansehen wollten. Die Endgeschwindigkeit jedes der Abschnitte sollte nicht als Anfangsgeschwindigkeit des folgenden gelten, da sie sich, zumal bei rechtwinkliger Abbiegung, in Wirbelungen auflöst. Das bezog sich auf die mit w' und w'' bezeichneten Zwischengeschwindigkeiten. Außerdem war durch $\frac{w_2^2}{2g} - \frac{w_1^2}{2g}$ ein Druckhöhenverlust wegen des Unterschiedes der beiden Spiegelgeschwindigkeiten eingeführt. Alle diese Werte haben, so nahmen wir bisher an, auf die Dämpfung des durch die beiden Windkessel und die Zwischenleitung gebildeten Systems Einfluß. Wir wollen überlegen, ob das richtig ist.

Was zunächst die Zwischengeschwindigkeiten w' und w'' anlangt, so wird man berechtigt sein, ihre Geschwindigkeitshöhe als verloren anzusehen an Stellen, wo ein enger Querschnitt in einen weiten mündet; denn die Umsetzung von Geschwindigkeit in Druck findet erfahrungsgemäß in solchen Fällen kaum statt. Die Endgeschwindigkeit der Zwischenleitung ist also verloren, gleichgültig, ob die Bewegung nach der einen oder anderen Seite geht. Dagegen wird man annehmen dürfen, daß die Endgeschwindigkeit des Windkessels, in dem gerade die niedergehende Bewegung stattfindet, sich in Druck umsetzt — eine weitere Beschleunigung des Wassers pflegt im wesentlichen wirbelfrei zu erfolgen. So wäre nur eine der Geschwindigkeiten w' oder w'' — je nach der Bewegungsrichtung — verloren. Ein gar nicht undenkbarer Fall ist aber der, daß die Zwischenleitung in die beiden Windkessel mit verschiedenem Durchmesser einmündet, etwa weil verschiedene Flansche ein kegeliges Uebergangsstück nötig machten. Dann wäre w' für die eine Bewegungsrichtung des Wassers anders auf w_0 zu beziehen als w'' für die andere Bewegungsrichtung — daraus ergäbe sich eine nach beiden Richtungen verschiedene Dämpfung: die Schwingungen wären nicht nur selbst unsymmetrisch, sondern wären auch unsymmetrisch gedämpft. Diese Tatsache würde allerdings nur bei Schwingungen im Stillstand der Pumpe oder bei großen Amplituden der Schwingungen eintreten, bei denen eine volle Bewegungsumkehr stattfindet. Nicht die Mittellinie der Schwingungen, sondern die Umkehr der Bewegung ist für die Unsymmetrie der Schwingungen maßgebend. Die Möglichkeit unsymmetrischer Dämpfung ist also mehr lehrreich als wichtig.

Was die Spiegelgeschwindigkeiten w_1 und w_2 anlangt, so gehen sie nach unserer Darstellung mit in die Dämpfung ein, doch eigentlich zu Unrecht. Je nach der Größe der Spiegelflächen f_1 und f_2 wird nämlich stets entweder w_1 oder w_2 größer sein — beim Hin- wie beim Rückgang. Gibt daher $\left(\frac{w_2^2}{2g} - \frac{w_1^2}{2g}\right)$ beim Hingang einen positiven Beitrag zur Dämpfung, so gibt es beim Rückgang einen ebenso großen negativen; man beachte, daß die Spiegelgeschwindigkeiten in keinem Fall als durch Wirbelung verloren zu denken sind, sondern von dem Luftpolster auf umkehrbarem Wege vernichtet und beim Rückgang wieder in voller Größe in Freiheit gesetzt werden. Die Spiegelgeschwindigkeiten geben also keine Dämpfung, sondern eine — verschwindend geringe — Verzerrung der Kurvenform. Nur wenn, wie es wegen der wechselnden Temperaturen sicher der Fall ist, das Luftpolster Wärme mit der Umgebung austauscht, wird es nicht alle Energie beim Rückgang wieder hergeben: die Tatsache, daß das Luftpolster teils Wärme aufnimmt, teils abgibt, führt zu einer weiteren Verzerrung der Kurvenform; die weitere Tatsache, daß der Wärmeaustausch nicht umkehrbar erfolgt, führt zu einer Dämpfung — entsprechend dem Umstand, daß alle nicht umkehrbaren Vorgänge, aber auch nur diese, dämpfend wirken müssen.

Wenn also von den verschiedenen Geschwindigkeitshöhen nur eine von wesentlichem Einfluß ist, so ist doch immerhin die Tatsache beachtenswert, daß das schwingende System schon eine Dämpfung in sich trägt, obwohl von Berücksichtigung der Reibung ganz abgesehen ist. Uebrigens wird man genau genug auch die Druckhöhenverluste durch Reibung als dem Quadrate der Geschwindigkeit proportional ansehen dürfen und kann sie dann ohne weiteres im Dämpfungsfaktor ε berücksichtigen. Die Gleichung mit quadratischem Dämpfungsglied ist übrigens auch nach Vornahme aller sonstigen Vereinfachungen nicht zu integrieren, müßte aber offenbar auf eine Schwingung führen, deren logarithmisches Dekrement nicht unveränderlich ist, sondern allmählich abnimmt.

4) Berechnung der Schwingungszeit.

Wenn wir die Schwingungen, entsprechend vorstehenden Ausführungen für Berechnung der Schwingungszeit als ungedämpft, symmetrisch und frei behandeln, so ergibt sich die Dauer einer ganzen (Doppel-) Schwingung aus der bekannten Beziehung

$$t_s = 2\pi \sqrt{\frac{m_0}{c}} \quad \ldots\ldots\ldots\ldots \quad (8).$$

Hierin ist m_0 die auf den Querschnitt f_0 der Zwischenleitung bezogene Masse der gesamten schwingenden Säule

$$m_0 = \frac{f_0 l_0 \gamma}{g} \quad \ldots\ldots\ldots\ldots \quad (4a),$$

und hierin wieder ist l_0 die auf den Querschnitt f_0 bezogene Länge der schwingenden Säule, die sich aus der Länge l_0 der Zwischenleitung und den reduzierten Längen der Windkesselinhalte zusammensetzt. Sind die Windkessel zylindrisch (was für die Haube nicht ganz zutrifft) von den Querschnitten f_1 und f_2 und den Säulenlängen l_1 und l_2, so ist die reduzierte Länge der Gesamtsäule

$$l_0 = l + l_1 \frac{f_0}{f_1} + l_2 \frac{f_0}{f_2} \quad \ldots\ldots\ldots \quad (4b)$$

oder unter Einführung der Durchmesser:

$$l_0 = l + l_1 \left(\frac{d_0}{d_1}\right)^2 + l_2 \left(\frac{d_0}{d_2}\right)^2 \quad \ldots\ldots\ldots \quad (4c).$$

Nach Fig. 11 berechnet sich

$$l_0 = 7{,}5 + 1{,}2 \left(\frac{100}{300}\right)^2 + 1{,}4 \left(\frac{100}{600}\right)^2 = 7{,}5 + 0{,}13 + 0{,}05 \text{ m}.$$

Die Beiträge der Windkesselinhalte zur reduzierten Länge sind also gering, selbst der der Windhaube.

Weiterhin ist c die Federkonstante, die schon im vorigen Abschnitt berechnet war, übrigens auch aus folgender einfacher Ueberlegung zu berechnen wäre.

Als Federkonstante c ist anzunehmen die Kraft, die vom elastischen Druckmittel auf den Querschnitt der schwingenden Säule ausgeübt wird, wenn die

Säule aus der Ruhelage um die Längeneinheit verschoben wird; der Kolben ist hierbei stillstehend zu denken. Nun ist die Aenderung der Spannung in der Windhaube bei Entnahme der Wassermenge dV wegen $p_0 + p = \frac{p_0 V_0}{(V_0 + V)}$ gegeben mit

$$d p = -\frac{p_0 V_0}{(V_0 + V)^2}\, d v \quad . \; . \; . \; . \; . \; . \; . \; . \; . \quad (\alpha).$$

Die auf den Querschnitt f der Wassersäule der Zwischenleitung ausgeübte verschiebende Kraft ist $P = p f$, woraus im Differential folgt

$$d p = \frac{d P}{f};$$

die dem Volumen V zugeordnete Verschiebung der Wassersäule in der Zwischenleitung ist $s = \frac{V}{f}$, woraus im Differential folgt

$$d V = f\, d s.$$

Setzen wir die beiden letzten Ausdrücke in Gl. (α) ein, so folgt, daß durch eine Verschiebung der Wassersäule in der Zwischenleitung um ds eine Kraft wachgerufen wird im Betrage

$$d P = -\frac{p_0 V_0}{(V_0 + V)^2} f^2\, d s.$$

Die auf die Längeneinheit der Verschiebung bezogene Kraft wäre

$$c = \frac{d P}{d s} = -\frac{p_0 V_0}{(V_0 + V)^2} f_0^2 \quad . \; . \; . \; . \; . \; . \; . \; . \; . \quad (7\text{b}).$$

Dieses ist die Federkonstante, die noch mit dem Volumen veränderlich ist und deren Veränderlichkeit eben der Unsymmetrie der Schwingungen — allerdings in anderer Form als früher (7a) es tat — Rechnung trägt. Soll nun die in der Nähe der Mittellage geltende Federkonstante als näherungsweise über die ganze Schwingung geltend eingeführt werden, so ist $V = 0$ zu setzen, und es wird

$$c = \frac{dP}{ds} = \frac{p_0 f_0^2}{V_0} \quad . \; . \; . \; . \; . \; . \; . \; . \; . \; . \quad (7).$$

Es ist dies der gleiche Wert der Federkonstanten, wie wir ihn schon vorher erhalten hatten.

Mit den ermittelten Werten von m und c wird nach Gl. (8) die Schwingungsdauer der symmetrischen Schwingung

$$t_s = 2\pi \sqrt{\frac{m}{c}} = 2\pi \sqrt{\frac{1000 f_0 l_0}{g} \frac{V_0}{p_0 f_0^2}} = 2\pi \sqrt{\frac{1000}{g}} \sqrt{\frac{l_0}{f_0} \frac{V_0}{p_0}} \quad . \; . \quad (9\text{a}).$$

(Alles in m, p_0 in kg/qm). Mit V_0 in ltr statt cbm und mit p_0 in kg/qcm wird

$$t_s = \frac{2\pi}{100\sqrt{g}} \sqrt{\frac{l_0}{f_0} \frac{V_0}{p_0}} \quad . \; . \; . \; . \; . \; . \; . \; . \; . \; . \quad (9)$$

oder

$$t_s = 0{,}0201 \sqrt{\frac{l_0}{f_0} \frac{V_0}{p_0}} \infty \, {}^1/_{50} \sqrt{\frac{l_0}{f_0} \frac{V_0}{p_0}} \quad . \; . \; . \; . \; . \; . \quad (9\text{b}).$$

Ob der unter so viel Vernachlässigungen abgeleitete Wert anwendbar ist, kann nur durch den Vergleich mit den beobachteten Schwingungszeiten geprüft werden; das soll nun geschehen.

In unserem Fall ist die reduzierte Länge der Zwischenleitung $l_0 = 7{,}6$ m, ihr Querschnitt bei 100 mm lichter Weite $f_0 = 0{,}0078$ qm. Im Stillstande der

Maschine wurde am Manometer der Windhaube ein Gleichgewichtsdruck abgelesen von 3,47 at — aus Fig. 11 würde freilich 3,3 at zu berechnen sein —, hierzu der Barometerstand von 1,04 at sowie ein unbedeutender Unterschied im Wasserstand der beiden Windbehälter (in der Windhaube war er etwas höher) gibt $p_0 = 4{,}5$ at.

V_0 hat bei den Versuchen verschiedene Werte, aus denen sich ein Wert t_{s0} nach der Beziehung

$$t_{s0} = \frac{2\pi}{100\sqrt{9{,}81}}\sqrt{\frac{7{,}6}{0{,}0078\cdot 4{,}5}}\sqrt{V_0} = 0{,}298\, V_0$$

wie folgt berechnen läßt:

Zahlentafel 1. Eigenschwingungszeiten im Stillstand der Pumpe.

Inhalt der Windhaube . .	$V_0 = 0$	0,5	1	2	4	30 ltr
Eigenschwingungszeit der Zwischenleitung	$t_{s0} = 0$	0,211	0,298	0,420	0,596	1,63 sk
dem entspräche Resonanz 1. Ordnung bei $n = \frac{30}{t_{s0}}$	∞	142	101	71,5	50,3	18,4/min.

Nun bleibt aber noch Folgendes zu beachten: Fördert die Pumpe Wasser, so tritt zu dem statischen Druck ein dynamischer hinzu, entsprechend den hydraulischen Widerständen der Rohrleitung bis zum Turm. Die Drucksteigerung ist am Manometer erkennbar, so lange es genügend ruhig steht. Sie wird eine entsprechende Abnahme des mittleren Luftvolumens zur Folge haben. Da in Formel (9) gewissermaßen $\frac{p_0 V_0}{p_0^2}$ unter dem Wurzelzeichen steht, und da $p_0 V_0$ auch beim Eintreten der Drucksteigerung unverändert bleibt, so nimmt die Schwingungszeit t_s umgekehrt proportional der Druckzunahme ab. Einige Beobachtungen des Manometers am großen Windkessel ergaben folgende

Zahlentafel 2. Druckzunahme im Gange der Pumpe.

n	20	40	60	80	100	Uml./min
Druck	4,55	4,63	4,70	4,80	4,92	at abs.
entsprechend	1	2,5	4,5	6,5	9	vH

Druckerhöhung gegenüber dem statischen Druck von 4,5 at, entsprechend einer ebenso großen Verminderung der vorhin für verschiedene Werte von V_0 angegebenen Schwingungszeiten t_{s0}.

Die der Resonanz erster Ordnung entsprechenden Umlaufzahlen erhöhen sich daher um ebensoviel Prozente. Man sieht also, daß die Erhöhung der Umlaufzahl, insofern sie eine Drucksteigerung im Gefolge hat, der Erreichung der Resonanz entgegenwirkt, und es könnte bei genügend schneller Drucksteigerung — wenn eine Pumpe gegen hydraulische, nicht statische Widerstände fördert — unter Umständen das Eintreten der Resonanz ganz unmöglich werden. Eine in die Zwischenleitung eingebaute Drosselscheibe würde also nicht nur durch ihre Dämpfung die Amplitude der Resonanz abdämpfen, sondern unter Umständen das Erreichen des Resonanzpunktes überhaupt verhindern können.

Wenn in Fig. 12 überall zu beobachten ist, daß die Schwingungszeit der einzelnen Schwingungen eines Hubes gegen das Hubende hin zunimmt, so wird das in der Abnahme des mittleren Druckes gegen das Hubende hin seine Begründung finden, eine Abnahme, die den Beschleunigungsverhältnissen des Kurbeltriebes entspricht. Die Kurve des mittleren Druckes ist in Diagramm VI eingezeichnet. Sie hat freilich nicht, wie sie sollte, sinusartigen Verlauf. Ungleichförmigkeiten des Pumpenganges mögen da störend wirken.

Die Schwingungszeiten, die sich unter Berücksichtigung der Drucksteigerung rechnerisch ergeben, sind nun in Zahlentafel 3 den aus den Zeitdiagrammen, Fig. 12, ermittelten gegenübergestellt.

Zahlentafel 3.
Großer Windkessel voll Luft.

Luftinhalt der Windhaube und Eigenschwingungszeit der Zwischenleitung im Stillstande der Pumpe	Schwingungszeiten in sk: Ergebnisse der Diagrammausmessung (oben), verglichen mit dem berechneten Wert (unten) $n = 40$	$n = 50$	$n = 60$	Mittel	Unterschied	Resonanz 1. Ordnung zu erwarten bei $n =$	Resonanz 2. Ordnung zu erwarten bei $n =$
$V = 30$ ltr $t_{s0} = 1{,}63$ sk	—	—	—	—	—	$18{,}4 + 0{,}2 = 18{,}6$	9,2
$V = 4$ $t_{s0} = 0{,}596$	0,57 0,581	—	—	0,57 0,58	−0,01	$50{,}3 + 1{,}8 = 52$	$25{,}2 + 0{,}3 = 25$
$V = 2$ $t_{s0} = 0{,}420$	0,412 0,410	—	—	0,412 0,410	+0,002	$71{,}5 + 3{,}9 = 75$	$35{,}6 + 0{,}7 = 36$
$V = 1$ $t_{s0} = 0{,}298$	0,309 0,291	0,30 0,285	—	0,304 0,288	+0,016	$100{,}8 + 9 = 110$	$50{,}3 + 1{,}8 = 52$
$V = 0{,}05$ $t_{s0} = 0{,}211$	0,272 0,206	0,210 0,204	0,24 0,202	0,24 0,204	+0,036	142,2 + ? rd. 170	$72{,}1 + 3{,}9 = 75$
$V = 0$ $t_{s0} = 0$	0,104 0	0,094 0	0,089 0	0,096 0	+0,096	∞	∞

Die letzte Spalte dieser Zahlentafel ist wie folgt berechnet. Beispielsweise bei $V_0 = 4$ ltr ist das dem statischen Druck entsprechende $t_{s0} = 0{,}596$ sk, dem entspräche Resonanz bei $n = \frac{60}{2 \cdot 0{,}596} = 50{,}3/\text{min}$. Wegen der bei 50 Umläufen zu erwartenden Drucksteigerung um 3,5 vH wird die Resonanz erst bei $n = 50{,}3 + 1{,}8 = 52$ zu erwarten sein. Die Resonanz zweiter Ordnung ist nicht bei genau der halben Umlaufzahl zu erwarten wie die erster Ordnung.

Die Uebereinstimmung, die sich in Zahlentafel 3 zwischen den als symmetrisch berechneten und den beobachteten Schwingungen ergibt, übertrifft die Erwartung. Man darf daraus folgern, daß es zur Berechnung der Eigenschwingungszeit, um die Resonanz zu vermeiden, zulässig ist, die Schwingungen anzusehen, als seien sie symmetrisch. Auch die Dämpfung spielt keine erhebliche Rolle, wie zu erwarten ist.

Dagegen erkennt man in der Zahlentafel deutlich bei den kleineren Luftinhalten eine Störung, die teils in der Elastizität des Pumpengehäuses ihre Ursache haben mag. Insbesondere wenn die Windhaube ganz ohne Luft ist, so wären Schwingungen unmöglich — Schwingungszeit und Amplitude würden beide null werden —, wenn nicht das Pumpengehäuse elastisch wäre. Zum vermutlich größeren Teil mag freilich ein geringer Luftinhalt in dem Luftsack oberhalb des Druckventiles, Fig. 11, im gleichen Sinne gewirkt haben wie die Elastizität des Pumpengehäuses. Daß aber dieser Luftsack — dessen Vorhandensein leider nicht rechtzeitig beachtet wurde — bei den Versuchen keine großen Luftmengen enthielt, weil die Luft bei schnellem Pumpengang aus ihm fortgespült wurde, geht aus Späterem hervor. Die letzte Spalte der Zahlentafel zeigt, wie der Unterschied zwischen der berechneten und beobachteten Schwingungszeit um so kleiner wird, je mehr Luft in der Haube ist. Schon für 2 ltr Luftinhalt ist er belanglos.

Bei zunehmender Umlaufzahl sollte die Schwingungszeit abnehmen, weil der Gegendruck wegen der hydraulischen Widerstände zunimmt. Diese Tendenz ist auch für $V_0 = 0$ deutlich erkennbar und in den anderen Fällen wenigtens zu vermuten.

5) Untersuchung des Schwingungsvorganges: Größe der Energieverluste, Begrenzung der Amplitude, Wassergeschwindigkeiten, Dämpfung, Zustandsänderungen der Luft.

Das Eintreten der Schwingungen muß notwendig mit Energieverlusten verbunden sein. Denn die Schwingungen des einzelnen Hubes zeigen einen deutlich gedämpften Charakter, und die abgedämpfte Energie muß von außen ersetzt werden durch vermehrte Energiezufuhr des Kolbens. Es entsteht die Frage, ob die Energieverluste so erheblich werden können, daß sie Beachtung verdienen, und in welcher Weise der Kolben zur stärkeren Energiezufuhr veranlaßt wird.

Um über die Größe der Energieverluste einen Anhalt zu gewinnen, wurden bei verschiedenen Verhältnissen Kolbenwegdiagramme genommen und die mittleren indizierten Drücke ermittelt. Einige dieser Diagramme sind in Fig. 14 und 15 wiedergegeben und lassen zugleich erkennen, was für sonderbare Diagrammformen man am Pumpenraum und am Druckraum erhält. Die durch Planimetrieren gefundenen mittleren indizierten Drücke bei wechselnden Umlaufzahlen und bei wechselnder Luftfüllung der Windhaube sind in Zahlentafel 4 unter a zusammengestellt, auch in Fig. 14 und 15 eingetragen. Es sind nur die Flächen oberhalb der Atmosphärenlinie ausgemessen, um von etwa eintretenden Aenderungen an der Saugsäule unabhängig zu sein.

Zahlentafel 4.

Inhalt der Windhaube ltr	indizierte Drücke oberhalb der Atm-Linie bei $n =$									erste Resonanz bei $n =$	zweite Resonanz bei $n =$
	20	30	40	50	60	70	80	90	100		
	a) großer Windkessel voll Luft.										
$V_0 = 30$	3,60	3,62	3,68	3,92	3,93					18,6	9,2
4	3,58	3,68	3,85	4,95	4,22		3,85	3,85	3,82	52	25
2	3,60	3,70	3,78	3,92	4,18	4,85				75	36
0,5	3,58	3,67	3,80	3,87	4,07					170	75
0	3,57	3,72	3,78	3,93						∞	∞
	b) großer Windkessel ohne Luft.										
$V_0 = 30$	3,75	3,82	3,73	3,80	4,02					8	4
4	4,60	3,37?	4,37	4,03	4,20					18	9
0	4,52									(26) ∞	

Am ausführlichsten ist die Versuchsreihe mit 4 ltr Luftinhalt gemacht, deren Diagramme größtenteils in Fig. 14 wiedergegeben sind. Die Zahlentafel läßt für diese Luftmenge erkennen, daß ein starker Höchstwert des indizierten Druckes und daher des Arbeitsverbrauches der Pumpe zwischen 50 und 60 Uml./min auftritt, und in der Tat wissen wir schon aus Zahlentafel 3 und Fig. 10, daß zwischen 52 und 56 Umläufen Resonanz erster Ordnung zu erwarten ist. Auch der Vergleich der Diagramme IX und X miteinander läßt erkennen, daß zwischen ihnen der Resonanzpunkt liegen muß. Im Pumpenraum ist der Buckel über die Mitte hinausgewandert, im Druckraume hat sich die Richtung umgekehrt, in der die Acht beschrieben worden ist. In der Gegend der Resonanz wird ein mittlerer Druck von 5 at indiziert, während die bei 30 ltr und 2 ltr Inhalt erhaltenen Werte zeigen, daß 3,93 at für die Umlaufzahl 50 normal wäre. Der Mehraufwand beträgt 27,5 vH. — Bei 60 Umläufen nähern sich auch die Zahlen für $V = 2$ ltr bereits der Resonanz, die bei 75 Umläufen zu erwarten ist; es war nicht möglich, den Resonanzpunkt zu erreichen, da bei $n = 66$ das auf 11 at eingestellte Sicherheitsventil der Windhaube abzublasen begann und stoßweise einen Sprühregen entsandte.

Bemerkt sei übrigens, daß die gute Uebereinstimmung der einzelnen Zahlen der Zahlentafel 4 natürlich nur erhalten wird, wenn man bei der Berechnung nicht nur das Diagramm des Pumpenraumes berücksichtigt, sondern beachtet, daß auch die Stufenfläche des Kolbens Arbeit hergibt oder aufnimmt, sobald die Drücke in der Windhaube beim Hin- und Rückgang nicht einander gleich sind. Wo die Druckraumdiagramme so große Arbeitsflächen einschließen wie bei den Diagrammen X und XI, da ist es ja nicht zu erwarten, daß die positive und die negative Fläche einander gerade aufheben. Diagramm XII zeigt, daß Fehler von 35 vH entstehen können, wenn man nur den Pumpenraum indiziert, wie das, glaube ich, vielfach üblich ist. Und Diagramm XIII oder XVII zeigen, daß recht erhebliche Fehler auch dann in die Rechnung kommen, wenn man dem Pumpendiagramm wesentliche Schwingungen gar nicht ansieht. Nur bei zahlreichen kurzwelligen Schwingungen treten fast nie erhebliche Ueberschußflächen im Druckraum auf, vergl. Diagramm VIII, XIV oder XV.

Man sollte also bei Stufenpumpen stets auch den Stufenkolben indizieren, sollte also auch stets den Druckraum mit Indikatorstutzen versehen.

Nun hat es aber mit dem Anstieg des indizierten Druckes unter dem Einfluß der Schwingungen noch eine eigene Bewandtnis. Man kann diesen Anstieg nämlich auch auf ganz anderem Wege finden, nämlich durch einen Vergleich von Diagrammpaaren, wie Fig. 16, 17 und 18 unter *A* in der obersten Reihe zeigen. Diese Diagramme stellen je den gleichen Druckverlauf dar, der den Indikatordiagrammen IX, VII und X, Fig. 14 und 12, entnommen ist, und zwar ist der Druckverlauf immer einmal (gebrochene Linie) über der Zeit als Abszisse dargestellt — ein Zeitdiagramm bekannter Art —, ein andermal ist er über dem Kolbenweg als Abszisse dargestellt, was also dem gewöhnlichen Indikatordiagramm entspricht, nur kehrt das Bild im Totpunkt nicht um, sondern läuft weiter: es sind also gewissermaßen die von den Kolben verdrängten Wasservolumina als Abszissen aufgetragen worden. Wir wollen das Diagramm zum Unterschied von dem gewöhnlichen Kolbendiagramm als Verdrängungsdiagramm bezeichnen.

Jedesmal sind nun durch Planimetrieren die mittleren Höhen gefunden worden, und diese sind verschieden. In den Zeitdiagrammen messen wir 4,66; 4,78 und 4,72 at abs., das ist sehr genau der mittlere Druck, der sich nach früheren Angaben als Gegendruck bei 50 und 60 Umläufen auch ohne Schwingungen erwarten läßt (4,5 at + 3,5 bezw. 4,5 vH dynamischer Verlust in der Steigleitung). Man erkennt also, daß der zeitlich mittlere Druck in der Windhaube durch die Schwingungen nicht gesteigert wird.

In der Tat muß ja für die bewegte Säule die sogenannte Antriebgleichung gelten: $m_0 dw_0 = P dt$, wo m_0 die Masse der beschleunigten Säule, dw_0 die Zunahme ihrer Geschwindigkeit in der Zeit dt und $P = p f_0$ die auf die Säule vom

Querschnitt f_0 durch den gerade herrschenden Druckunterschied p zu ihren beiden Seiten ausgeübte Kraft bedeutet. Integrieren wir die linke Seite der Antriebgleichung über den ganzen Umlauf, also den Kurbelwinkel $2\pi\omega$, so wird $m_0 \int\limits_0^{2\pi\omega} dw_0 = 0$ sein müssen. Wegen des periodischen Charakters des ganzen Vorganges kann der ganze Umlauf keine Geschwindigkeitszunahme ergeben. Also muß auch $f_0 \int\limits_0^{2\pi\omega} p\,dt = 0$ sein, d. h. eben der zeitliche Mittelwert des Windhaubendruckes könne sich durch die Schwingungen nicht steigern.

Trotzdem steigt unter dem Einfluß der Schwingungen der mittlere Druck des Verdrängungsdiagrammes und daher der mittlere indizierte Druck, weil die größte Geschwindigkeit des Kolbens in der Hubmitte gerade in die Zeit größten Gegendruckes fällt, während zur Zeit geringsten Gegendruckes der Kolben langsam läuft. Durch diese eigenartige Verkettung wird der Kolben veranlaßt, die verhältnismäßig großen Energiemengen herzugeben, die den durch Dämpfung entstehenden Energieverlust ausgleichen. Aus diesem Grunde können Schwingungen nur dann eine erhebliche Amplitude erlangen, wenn in der Mitte des Hubes ein Höchstdruck liegt, weil nur dann die abgedämpfte Energie ergänzt werden kann.

Der Ersatz der abgedämpften Energie geschieht also durch Ansteigen des mittleren Druckes im Verdrängungsdiagramm, dessen Flächen ja, als einem Volumendruckdiagramm zugehörig, Arbeit darstellen. Die Drucksteigerung muß ein Maß für die mehr zugeführte Energie sein. Im Verdrängungsdiagramm X ist der mittlere Druck mit 5,23 at abs. = 4,23 at Ueberdruck gefunden worden gegen 4,72 at abs. = 3,72 at Ueberdruck im Zeitdiagramm, es sind also 0,5 at = 5 m W.-S. zum Erzeugen der Schwingungen aufgewendet worden. Aus den Diagrammen kann man folgende Werte entnehmen und sie mit den Werten der Zahlentafel 4 vergleichen:

Zahlentafel 5.

	Nr. IX	VII	X	
Nach Zahlentafel 4 Pumpendiagramm indiziert .	4,95	4,07	4,22	at Ueberdr.
gegenüber einem Sollwert	3,92	3,93	3,93	» »
Unterschied	10,3	1,4	2,9	m W.-S.
Nach Fig. 16 bis 18 A Verdrängungsdiagramm indiziert	5,53	5,11	5,23	at abs.
Zeitdiagramm indiziert	4,96	4,78	4,72	» »
Unterschied	8,4	3,3	5,1	m W.-S.

Man darf nicht die Drücke vergleichen, die in einem Fall noch den Ventilverlust enthalten, im anderen nicht, sondern der Vergleich darf nur zwischen den Unterschieden gezogen werden. Daß er auch da nicht sehr befriedigt, mag daher kommen, daß die zusammengehörigen Diagramme — Pumpen- und Druckraumdiagramm — nicht genau gleichzeitig aufgenommen sind. In der Gegend der Resonanz und insbesondere bei etwas höherer als der resonierenden Umlaufzahl (Nr. X) kann aus naheliegenden Gründen der Beharrungszustand nur unvollkommen sein. Wegen der genauen Uebereinstimmung der (durch Umzeichnen abgeleiteten) Zeitdiagrammittel aus Fig. 16 bis 18 A mit den zu erwartenden Werten wird man übrigens die aus diesen Figuren berechneten Werte als zuverlässiger ansehen dürfen.

Der Druckanstieg durch Dämpfung ist insofern grundsätzlich von dem durch fortschreitende Geschwindigkeit zu unterscheiden, als letzterer in besprochener Weise (Zahlentafel 2) zu einer Verringerung der Eigenschwingungszeit führt; der durch Dämpfung tut das nicht, weil ja eben der zeitliche Mittelwert des Windhaubendruckes unverändert bleibt. Wäre das anders, so würde das Auftreten der Schwingungen selbst dem Erreichen des Resonanzzustandes bei steigender Umlaufzahl entgegenwirken.

Die unerwartete Größe der Energieverluste legt die Frage nahe, wie es möglich ist, soviel Energie durch Dämpfung zu vernichten. Die Schwingungen ergeben zusätzliche Wassergeschwindigkeiten, die zu der der Fördermenge entsprechenden fortschreitenden Geschwindigkeit hinzutreten, und da die Energieverluste etwa dem Quadrat der jeweiligen Wassergeschwindigkeit proportional sind, so werden in der Tat um so größere Verluste bei gleicher Wasserförderung auftreten je größer die Abweichungen von der gleichmäßigen Förderung sind.

Ueber die Größe der Energieverluste durch Dämpfung, die dem Mehraufwand nach Fig. 16 bis 18 A gleich sein müssen, kann man durch folgende Ueberlegung ein Urteil gewinnen, die zugleich erkennen läßt, wie groß etwa die Schwingungen im Vergleich zu der fortschreitenden Bewegung ausfallen.

In Fig. 16 bis 19 sind unter *B* bis *E* noch eine Reihe von Schaubildern dargestellt, die aus den gleichen Originaldiagrammen IX, VII und X gewonnen worden sind. Die verschiedenen Kurven sind in jedesmal gleicher Weise auf drei Einzelbilder *B*, *C*, *D* und *E* verteilt. Jedes der Diagramme umfaßt einen Umlauf der Maschine, der bei X und VII gerade einer Sekunde entspricht, bei IX aber 1,2 sk dauert. Die Originaldiagramme wurden wie folgt behandelt.

In den Diagrammen *B* ist zunächst die Kurve der Luftvolumina zu finden, die jeweilig in der Windhaube waren. So war (als Beispiel diene immer Fig. 18, Nr. X) bekannt, daß im Stillstande der Maschine 4 ltr bei 4,5 at abs. in der Haube abgesperrt waren. Bei 60 Umläufen werden diese sich auf 3,8 ltr bei 4,75 at abs. verändert haben (Zahlentafel 2). Der zeitliche Druckverlauf ist durch die indizierten Diagramme oder durch die Kurven bei *A* bekannt. Man kann also die Volumkurve unter Zugrundelegung isothermischer Zustandsänderungen aus $(p_0 + p)(V_0 + V) =$ konst ermitteln. Bei Nr. X ist die Ermittlung auch noch unter Zugrundelegung adiabatischer Zustandsänderungen $(p_0 + p)(V_0 + V)^{1,4}$ $=$ konst durchgeführt, Fig. 19.

Wenn man die Volumkurve mittels des Spiegelderivators ableitet, erhält man die Werte $\frac{dV}{dt}$, das sind die auf die Zeiteinheit bezogenen Volumänderungen des Luftinhaltes. Die Volumänderungen der Luft bedingen, daß gleiche Wassermengen in die Druckleitung gehen. Da uns auch die jeweilige, auf die Zeiteinheit bezogene Förderung des Kolbens bekannt ist — sie wird durch die wegen der endlichen Schubstangenlänge verschobenen Sinoiden dargestellt —, so kann man durch Zusammenzählen dessen, was die Windhaube hergibt, und dessen, was der Kolben liefert, die Wassermenge finden, die jeweils ins Druckrohr geht. Das Ergebnis ist in den Schaubildern *C* durch die starke Kurve dargestellt. Den Wassermengen entsprechen, in passendem Maßstab gemessen (rechte Teilung), unmittelbar bestimmte Wassergeschwindigkeiten im Druckrohr. Die mittlere Wassergeschwindigkeit w_m im Druckrohr läßt sich ohne weiteres durch Aufsuchen der Ausgleichlinie zur Kolbenförderung finden, über und unter ihr schneidet die Kurve der Wassergeschwindigkeiten gleiche Flächen ab.

Als Beispiel sei die Auswertung des Punktes auf $^6/_{24}$ Länge des Schaubildes X (isothermisch) vorgeführt: Druck 4,57 at abs., also Volumen $\frac{4 \cdot 4{,}5}{4{,}57}$ = 3,95 ltr. Der Spiegelderivator liefert die Neigung $\varphi = -59{,}2^0$, entsprechend $\operatorname{tg}\varphi = -1{,}68^0$. Der Maßstab war (im Original):

für das Volumen	1 cm = 1 ltr
für die Zeit	1 » = $^1/_{24}$ sk
durch Teilung ergibt sich . .	$1 = \frac{1}{^1/_{24}} = 24$ ltr/sk,

das heißt der Neigung $\operatorname{tg}\varphi = 1$ entspricht die Wasserförderung von 24 ltr/sk. So ist für unseren Punkt $\frac{dV}{dt} = -1{,}68 \cdot 24 = -40{,}2$ ltr/sk. Dazu kommt die Kolbenförderung, für diesen Punkt gleich Kolbenquerschnitt mal Kurbelgeschwindigkeit, also $\left(\frac{2{,}15^2\pi}{4} - \frac{1{,}52^2\pi}{4}\right) 0{,}15\,\pi\,\frac{60}{60} = 17{,}1$ ltr/sk, Fig. 11, zusammen $17{,}1 - 40{,}2 = -23{,}1$ ltr/sk. Der Maßstab der Wassergeschwindigkeiten folgt aus dem Rohrdurchmesser von 100 mm: es entspricht 1 m/sk einer Wasserförderung von $2{,}5\,\pi = 7{,}85$ ltr/sk.

Man sieht nun, daß in Fällen annähernder Resonanz kaum noch davon gesprochen werden kann, daß sich Schwingungen über die fortschreitende Bewegung lagerten. Es ist beinahe richtiger zu sagen, es lagere sich eine relativ schwache fortschreitende Bewegung über Schwingungen von solcher Amplitude, daß Wassergeschwindigkeiten bis zum mehrfachen Betrage der mittleren auftreten, während zu anderen Zeiten negative Wassergeschwindigkeiten vorkommen, so daß also zeitweise sogar Wasser vom großen Windkessel zur Pumpe zurückflutet. Das gilt namentlich für den Fall der Resonanz erster Ordnung, Nr. X und IX. Aber auch wenn zwei Schwingungen auf den Hub kommen, Nr. VII, ist keine Rede von gleichmäßigem Wasserstrom: die Wassergeschwindigkeit sinkt hier in der Gegend des Totpunktes auf negative Werte, steigt dann plötzlich und führt gedämpfte Schwingungen um das Mittel herum aus. Die beabsichtigte Wirksamkeit der Windhaube ist also nicht erreicht — im Gegenteil.

Daß Schwingungen von solcher Größe erhebliche Energieverluste im Gefolge haben, ist durchaus begreiflich. Man kann die Verluste auch im einzelnen nachweisen, wie in den Schaubildern *D*, Fig. 16 bis 19, geschehen ist. In ihnen sind zunächst nochmals, doch in stark verkleinertem Maßstab der Ordinaten, die aus *C* entnommenen Kurven der Wassergeschwindigkeiten w_0 im Druckrohr zu finden, auch die mittlere Wassergeschwindigkeit w_m ist als Wagerechte zu sehen: Diese Wassergeschwindigkeit w_m würde im Druckrohr dauernd herrschen, wenn keine Schwingungen wären, ihr Quadratwert $(w_m)^2$ ist ein Maß für die Druckverluste im Rohr, die sich aus Reibungs-, Austritts- und Krümmerverlusten (3 normale Krümmer) zusammensetzen würden. Nun sind aber noch die Kurven der Werte $w_0{}^2$ bei vorhandenen Schwingungen eingetragen; die Kurven haben nur positive Werte und ergeben bei den größeren Geschwindigkeiten scharf ausgeprägte Spitzen. Durch Planimetrieren der Flächen, die sie über der Abszissenachse abschneiden, sind die mittleren Werte $(w^2)_m$ der Geschwindigkeitsquadrate gebildet worden. Die Kurve der w^2 oder auch ihr Mittelwert $(w^2)_m$ ist ein Maß des Druckverlustes, der bei vorhandenen Schwingungen eintritt.

Man sieht, daß das Mittel der Quadratwerte erheblich größer ausfällt als das Quadrat der Mittelwerte: es ist $(w^2)_m > (w_m)^2$, und zwar in allen Fällen vielfach so groß.

Nun pflegt man die Druckverluste einer Rohrleitung als Vielfache der Geschwindigkeitshöhe $\frac{w^2}{2g}$ anzugeben: es ist dann der Druckverlust $\Delta p = \zeta \frac{w^2}{2g}$, und der Widerstand der Leitung wird durch ihre Widerstandszahl ζ charakterisiert, die unveränderlich ist, so lange das quadratische Gesetz genau gilt.

Nach der üblichen Rechnungsweise ist der Druckverlust im Zwischenrohr bei glattem Wasserstrom, bei $w_0 = 1{,}39$ m/sk, also einer Weisbachschen Reibungszahl $\varrho = 0{,}022$, etwa so zu berechnen:

Reibung der Rohrleitung	$0{,}022 \cdot \frac{7{,}6}{0{,}1} \frac{w^2}{2g}$
kinetische Energie des austretenden Wassers . . .	$1 \frac{w^2}{2g}$
drei Krümmer mit je $\zeta = 0{,}2$	$3 \cdot 0{,}2 \frac{w^2}{2g}$
insgesamt	$(1{,}7 + 1 + 0{,}6) \frac{w^2}{2g}$

Es wäre also $\zeta = 1{,}7 + 1 + 0{,}6 = 3{,}3$ anzunehmen, und damit berechnet sich ein bei gleichmäßigem Wasserfluß zu erwartender Verlust an Druckhöhe:

Zahlentafel 6. Druckhöhenverluste bei gleichmäßigem Wasserfluß.

bei Nr. IX: $n = 50$, $w_m = 1{,}16$ m/sk: $\Delta p = 3{,}3 \cdot 0{,}022$ m W.-S.
bei Nr. VII und X: $n = 60$, $w_m = 1{,}39$ m/sk: $\Delta p = 3{,}3 \cdot 0{,}098 = 0{,}32$ m W.-S.

Wir brauchen nur mit $\frac{(w^2)_m}{2g}$ an Stelle von $\frac{(w_m)^2}{2g}$ zu rechnen, um den Druckhöhenverlust im Zwischenrohr bei vorhandenen Schwingungen zu finden:

Zahlentafel 7. Druckhöhenverluste bei ungleichmäßigem Wasserfluß.

bei Nr. IX	$(w^2)_m = 13{,}9$;	$\Delta p = 3{,}3 \cdot \frac{13{,}9}{19{,}6}$	$= 2{,}34$ m W.-S.
» » VII	$(w^2)_m = 3{,}12$;	$\Delta p = 3{,}3 \cdot \frac{3{,}12}{19{,}6}$	$= 0{,}52$ » »
» » X, isothermisch	$(w^2)_m = 11{,}6$;	$\Delta p = 3{,}3 \cdot \frac{11{,}6}{2 \cdot 9{,}81}$	$= 1{,}95$ » »
» » X, adiabatisch .	$(w^2)_m = 5{,}8$;	$\Delta p = 3{,}3 \cdot \frac{5{,}8}{19{,}6}$	$= 9{,}98$ » »

Der Unterschied aus den mit $(w^2)_m$ und mit $(w_m)^2$ berechneten Werten stellt den Mehrverlust bei vorhandenen Schwingungen dar, und dieser Mehrverlust sollte dem Mehraufwand an Energie bei Auftreten der Schwingungen gleich sein. In Wahrheit sind die so zu berechnenden Mehrverluste, nämlich der Reihe nach 2,12, 0,20, 1,63 und 0,66 m W.-S., sämtlich viel kleiner als die Mehraufwände von 8,4, 3,3, 5,1 und 5,1 m W.-S., die wir in Zahlentafel 5 berechneten.

Der Grund dafür ist nicht so fernliegend: man wird in der Tat kaum hoffen dürfen, daß die für gleichmäßig fortschreitende Wasserströmung übliche Rechnungsweise für den Schwingungszustand auch nur annähernd anwendbar ist. Denn zweifellos wird die Bewegung der schwingenden Wassermasse viel stürmischer sein als die der nur fortschreitenden, und so sind höhere Werte von ζ wohl zu erwarten. Erheblichen Anteil mag der Umstand haben, daß auch die senkrechten Säulen der Windkessel in lebhafte Wirbelung geraten. So wird man besser tun, lieber rückwärts Werte von ζ durch Vergleich der mittleren Geschwindigkeiten mit dem Druckhöhenverlust zu berechnen, wie in Zahlentafel 8 geschehen ist.

Zahlentafel 8.

Diagramm Nr.	IX	VII	X isoth.	X adiab.	
Druckhöhenverlust bei nur fortschreitender Bewegung	0,22	0,32	0,32	0,32	m W.-S.
Mehrverlust infolge der Schwingungen nach Zahlentafel 5	8,4	3,3	5,1	5,1	» »
gesamter Druckhöhenverlust $\varDelta p$	8,6	3,6	5,4	5,4	» »
$w)^2_m$ nach Fig. 16C bis 19C	13,9	3,12	11,6	5,8	» »
zugehörige Geschwindigkeitshöhe $\frac{(w^2)_m}{2g}$ . .	0,71	0,16	0,59	0,29	» »
$\zeta = \varDelta p : \frac{(w^2)_m}{2g}$	12,1	22,5	9,2	18,6	» »

Dagegen rechnungsmäßig $\zeta = 3,3$.

Der sehr große Wert von ζ ist immerhin auffallend.

Ueber die Frage, ob die isothermische oder die adiabatische Expansion die Verhältnisse besser annähert, gewinnt man kein Urteil.

Die Zuführung der Schwingungsenergie erfolgt nach dem Gesagten, indem sich die mittlere Höhe des Verdrängungsdiagrammes gegen die des Zeitdiagrammes hebt. Mit zunehmender Amplitude der Schwingungen wird, wie aus dem Diagramm leicht zu erkennen ist, auch die Energiezufuhr vergrößert, so daß hier keineswegs die Tendenz vorhanden ist, die Amplitude nur auf einen endlichen Höchstwert wachsen zu lassen. Die Energiezufuhr wird jederzeit dargestellt durch den über den ganzen Umlauf, vom Kurbelwinkel 0 bis $2\pi\omega$, sich erstreckenden Wert des Integrales

$$\frac{1}{2\pi\omega}\int_0^{2\pi\omega} p\ {}^1/_2\, V_h\omega\,[\cos\omega t]\,dt - \frac{1}{2\pi\omega}\int_0^{2\pi\omega} p\,dt \quad . \; . \; . \; . \quad (10a).$$

Die Amplitude wird trotzdem begrenzt werden können, weil mit wachsender Amplitude die Energievernichtung durch Dämpfung schnell steigt, die durch den Ausdruck

$$\frac{\zeta}{2g}\,\frac{\int_0^{2\pi\omega} w_0^2\,dt}{2\pi\omega} - \frac{3,3}{2g}\left(\frac{\int_0^{2\pi\omega} w_0\,dt}{2\pi\omega}\right)^2, \text{ darin } w_0 = \frac{1}{f_0}\left\{\frac{dV}{dt} + {}^1/_2\, V_h\omega\,[\cos\omega t]\right\} \quad (10b)$$

dargestellt wird. Die Amplitude nimmt zu, bis die zugeführte und die abgeführte Energie einander ausgleichen. Da aber beide zunehmen, und zwar nach nicht ohne weiteres voneinander abhängigen Gesetzen, so ist es nicht sicher, daß unter allen Umständen die Amplitude nur bis zu endlichen Werten anwächst.

In den Schaubildern *E*, denen wir uns nun zuwenden, ist Folgendes dargestellt. Wenn man die in *C* ermittelten Kurven der Wassergeschwindigkeit w_0 im Druckrohr nochmals mittels des Spiegelderivators ableitet, so erhält man die für die Wassergeschwindigkeiten erforderlichen Beschleunigungsdrücke $\frac{dw_0}{dt}$. Die wirklich verfügbaren Beschleunigungsdrücke hingegen erhält man, wenn man den der Dämpfung entsprechenden Druckverlust von dem Druck abzieht, den das Indikatordiagramm anzeigt: in den Schaubildern sind daher die indizierten Drücke p erst nochmal eingetragen und dann durch Hinzufügen der Dämpfung $\varepsilon w_0^2 = \zeta \frac{w_0^2}{2g}$ berichtigt. Die der Dämpfung entsprechenden Druckverluste ließen sich unmittelbar den in D dargestellten Kurven der Geschwindigkeitsquadrate unter Benutzung einer passenden Skala entnehmen.

Die beiden so ermittelten Kurven der Beschleunigungsdrücke, in E jedesmal mit $p - \varepsilon w_0^2$ und $\frac{d w_0}{d t}$ bezeichnet, sollten zusammenfallen.

Zahlenmäßig stellt sich diese Berechnung, wieder für Punkt 6/24 des Umlaufes und Diagramm X (isothermisch), wie folgt: Der Spiegelderivator liefert die Neigung der w_0-Kurve in B mit $\varphi = 42{,}9^0$, entsprechend $\operatorname{tg} \varphi = 0{,}929$. Bei einem Zeitmaßstab 1 cm = $^1/_{24}$ sk und einem Maßstab der Geschwindigkeiten 1 cm = 0,637 m/sk ergibt sich, daß $\operatorname{tg} \varphi = 1$ der Beschleunigung $\frac{0{,}637}{^1/_{24}} = 15{,}3 \mathrm{m/sk}^2$ entspricht, und dieser Beschleunigung ist, wegen der Beziehung $m_0 \frac{d w_0}{d t} = p f_0$ und $m_0 = \frac{f_0 l_0 \gamma}{g}$, eine Druckhöhe $p = l_0 \frac{\gamma}{g} \frac{d w_0}{d t} = 7{,}6 \frac{1000}{9{,}81} \cdot 15{,}3 = 11\,860$ kg/qm $= 1{,}19$ at zugeordnet. So wird für $\operatorname{tg} \varphi = 1$ ein Beschleunigungsdruck von 1,19 at zu setzen sein, für unseren Punkt ist der Beschleunigungsdruck $0{,}929 \cdot 1{,}19 = 1{,}11$ at erforderlich, der zum mittleren Druck von 4,75 at (dem Gegendruck des Windkessels) hinzuzuzählen ist: der absolute Druck im Punkt 6/24 soll 5,85 at sein, wie in der strichpunktierten Kurve zu sehen. — Andererseits entnehmen wir dem Indikatordiagramm A einen Druck von 4,57 at; unserer Wassergeschwindigkeit von $-2{,}31$ m/sk entspricht die Dämpfung $\zeta \frac{w^2}{2g} = +9{,}2$ $0{,}272 = 2{,}5$ m W.-S. $= 0{,}25$ at. Um soviel vermindert sich der Beschleunigungsdruck, der sich als Unterschied des gerade herrschenden Druckes von 4,57 at gegen den Mittelwert bei 60 Umläufen, also gegen 4,75 at finden läßt. Dieser Beschleunigungsdruck von $-0{,}18$ at ist zur Pumpe hin gerichtet. Die Dämpfung ist, als der negativen Wassergeschwindigkeit entgegengerichtet, als $+0{,}25$ at einzuführen. So bleibt ein wirksamer Beschleunigungsdruck von $+0{,}07$ at bestehen, entsprechend einem (scheinbaren) absoluten Druck in der Windhaube von $4{,}75 + 0{,}07 = 4{,}82$ at. Dieser ist in der gestrichelten Kurve in der Tat zu finden. An anderen Stellen sind die Beträge der Dämpfung viel größer.

Man erkennt, daß ein in sich geschlossener Kreis von Beziehungen vom Indikatordiagramm über das Luftvolumen, die Wassergeschwindigkeit, die Beschleunigung und Dämpfung zum Indikatordiagramm zurückführt. Die einzelnen Zwischenglieder lassen sich vorwärtsgehend durch Differenzieren, aber auch rückwärtsgehend durch Integrieren der Flächen finden. In beiden Richtungen ist aber zunächst eine Unsicherheit vorhanden — einerseits die Frage nach der Art der Zustandsänderung, ob isothermisch oder adiabatisch oder sonstwie, anderseits die Größe der Dämpfung. Da beide Unsicherheiten etwa von gleicher Größenordnung sind, so bleiben die Zwischenglieder gleich unsicher, in welcher Richtung man auch vorgeht.

Das mehr oder weniger gute Zusammenfallen der Kurven $p - \varepsilon w_0^2$ und $\frac{d w}{d t}$ in Fig. 18 oder 19 sollte einen Aufschluß darüber geben, ob die adiabatische oder die isothermische Zustandsänderung die Verhältnisse besser annähere. Man kann nicht sagen, daß durch den Vergleich diese Frage zu entscheiden sei, wenngleich die Anschmiegung der Kurven im Fall der Adiabate besser befriedigen mag, weil die Abweichungen im ersten Hub durch einen einfachen Schwingungsvorgang etwa unveränderlicher Schwingungszeit dargestellt werden kann, während im zweiten Hub (beim Rückgang) das Zusammenfallen fast vollkommen ist. Das numerische Zusammenfallen wird übrigens durch die vorgängige empirische Bestimmung von ζ (Zahlentafel 8) bedingt, und nur der Charakter der Kurven bleibt zu vergleichen. Die Unstimmigkeit beim Hubwechsel konnte nicht ausbleiben, weil die Indikatordiagramme am Hubwechsel keinen Knick haben, wie sie doch müßten. An sich ist der isothermische Verlauf wohl unwahrscheinlich: die Zeiten sind zum Wärmeaustausch zu kurz, selbst wenn sich durch lebhaftes Durchwirbeln Luft und Wasser zu einer Art Emulsion mischen, wie es scheinbar geschah. Auch spricht gegen die isothermische Aenderung die Beobachtung, daß sich — freilich nicht immer — bei jedem Hub der Maschine Nebel im Wasserstandsglas zeigte und wieder verschwand. Wenn auch bei Annahme adiabatischer Aenderungen, die an sich viel wahrscheinlicher sind, Unstimmigkeiten auftreten — insbesondere der hohe Wert von ζ in Zahlentafel 8 ist auffallend —, so bleibt zu beachten, daß zwar die isothermische Zustandsänderung eindeutig festliegt, nicht aber auch die adiabatische. Bei der Auswertung zu Fig. 19 wurden stillschweigend dem Volumen 4 ltr und dem Druck von 4,5 at abs. die Temperatur von etwa 20^0 C zugeordnet, die bei der Messung von p_0 und V_0 im Stillstand herrschten. Mit adiabatischen Aenderungen sind aber Temperaturänderungen des Luftinhaltes verbunden, und zwar in weiten Grenzen: schwankt das Volumen vom einfachen auf den 3,5 fachen Wert, und schwankt die absolute Temperatur von der einfachen auf die 0,6 fache, so wären Temperaturänderungen von einer Größe zu erwarten, die durch die Grenzen -50 und $+100^0$ C angedeutet werden mögen. Nichts bürgt dafür, daß bei diesen Temperaturschwankungen die mittlere Temperatur erhalten bleibt; je nach den Oberflächenverhältnissen kann sich das Temperaturmittel allmählich verschieben, auch wenn die einzelne Zustandsänderung so gut wie adiabatisch verläuft. In Fig. 19 ist also von vielen denkbaren Adiabaten nur eine willkürlich herausgegriffen.

Die Unsicherheit hinsichtlich der Zustandsänderungen der Luft läßt sich also nicht beheben, und diese Tatsache zeigt, daß eine genaue Lösung der Differentialgleichung (2 h) nicht ohne weiteres zu einer genaueren Bestimmung der Schwingungszeit führt. So rechtfertigen sich die bei Bestimmung der Schwingungszeit eingeführten Vernachlässigungen unter Nachprüfung des Ergebnisses durch den Versuch.

6) Versuche ohne großen Windkessel.

Die Schwingungen verdanken ihre Entstehung hauptsächlich dem Vorhandensein des großen Windkessels und der Zwischenleitung. Da die Schwingungen zu Arbeitsverlusten und zu Gefahren Anlaß geben können, so fragte es sich, ob Zwischenleitungen in Anlagen wie die untersuchten nicht besser ganz vermieden würden. Um diese Frage zu beantworten, wurde an der gleichen Pumpe die Luft aus dem großen Windkessel ganz entfernt, um seine puffernde Wirkung so gut wie auszuschalten, und es wurde einfach mit wechselndem Luftinhalt der Windhaube gegen die Steigleitung des Wasserturms gearbeitet. Die hierbei erhaltenen Diagramme sind zum Teil in Fig. 20 Nr. XVI bis XXI wiedergegeben. Man sieht, daß die Diagrammform bei 30 ltr Luftinhalt durchaus, und selbst bei nur 4 ltr Inhalt noch leidlich befriedigend ist;

im letzteren Fall darf freilich die Umlaufzahl nicht in die Nähe der Resonanz kommen. Nach Diagramm XX tritt Resonanz bei etwas über 20 Umläufen ein; dem entspricht die unmittelbare Beobachtung der Eigenschwingungszahl der Säule, die wegen des jetzt größeren Energieinhaltes der schwingenden Masse aus den Manometerpendelungen nach dem Stillsetzen der Pumpe mittels Stech-

Fig. 20. Pumpen- und Druckraumdiagramme, aufgenommen, während im großen Windkessel keine Luft war. 6 mm = 1 at; 1/3 nat. Größe.

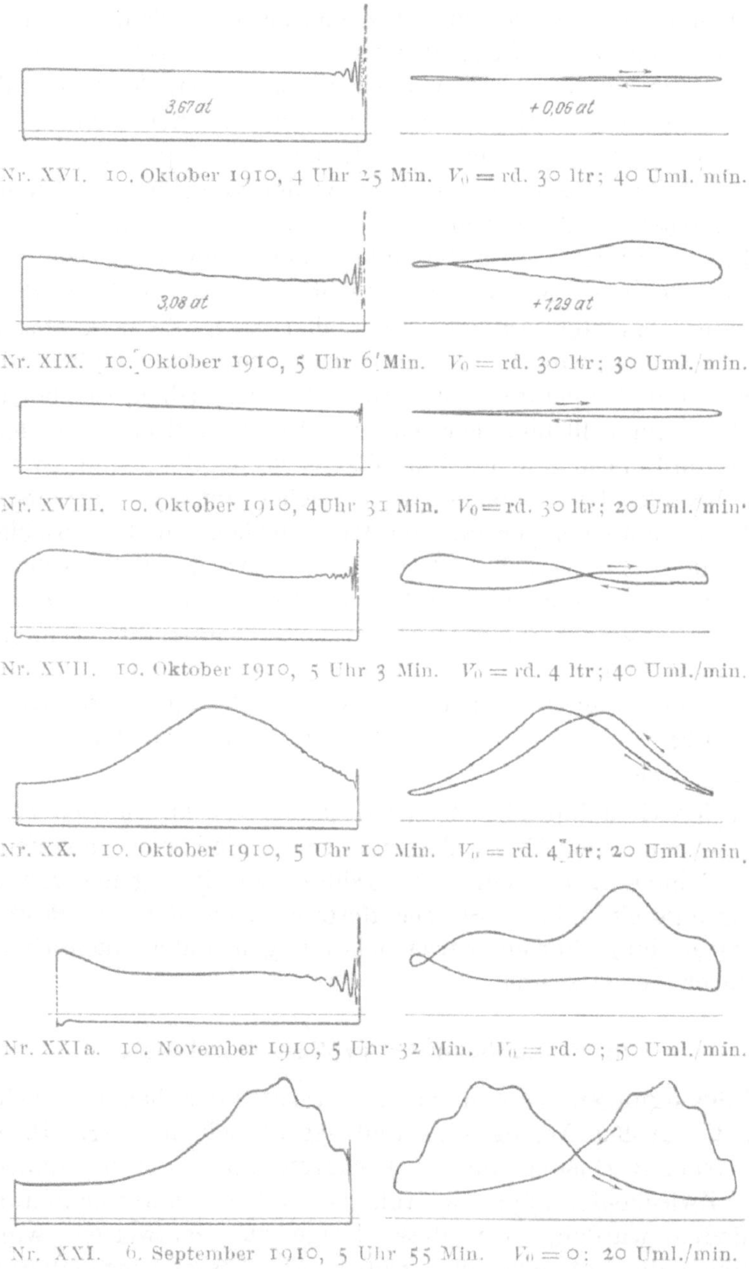

uhr gemessen werden konnte: man beobachtete 10 Schwingungen in 17,5 sk, entsprechend der Eigenschwingungszeit von 1,74 sk und der Resonanz bei $n =$ 17,2. Nach Formel (9) hätte sich mit $l = 50{,}5$ m die Schwingungszeit $t_{s1} = 1{,}54$ sk ergeben. Daß die Uebereinstimmung, wenn auch erkennbar, doch wesentlich schlechter ist, wird besonders dadurch zu erklären sein, daß jetzt mehrere

Systeme gegeneinander schwingen, weil die Dehnbarkeit des großen schmiedeisernen Windkessels zweifellos recht beträchtlich ist; es ist also ein elastisches Glied mitten in die Leitung eingeschaltet. Daher erkannte man am Manometer der Windhaube deutlich, daß Schwingungen erheblich geringerer Schwingungszeit über die mit $t_s = 1{,}74$ sk herübergelagert waren. Unmittelbar sichtbar werden diese Oberschwingungen in Fig. 20 Nr. XIX und XXI, aber auch in Nr. XX sind sie zu erkennen. Bei Nr. XXI ist weder in der Windhaube noch im Kessel Luft gewesen, der Kolben arbeitet also, ohne wesentlich elastisches Glied unmittelbar auf die ganze Drucksäule. Das Anlassen der Maschine geschah sehr vorsichtig. Schon bei 20 Umläufen zeigte sich eine gewaltige Massenwirkung, nach dem Anhalten der Pumpe schwankte das Manometer wieder so lange hin und her, daß man mit der Stechuhr die Eigenschwingungszahl zu 1,14 sk ohne weiteres messen konnte. Danach würde also bei 52 Impulsen oder 26 Umläufen die gefährliche erste Resonanz auftreten, und so verbot sich ein Steigern der Umlaufzahl. Die Form der Drucklinie in Diagramm XXI kennzeichnet auch hier wieder den Vorgang als einen Schwingungsvorgang: die in Fig. 8 geforderten scharfen Ecken der Acht treten nicht auf. Der Umfahrungssinn der Acht zeigt auch, daß wir bei 20 Umläufen dicht vor der Resonanz stehen.

Wir machen für den Fall des Windkessels ohne Luft noch folgende Zusammenstellung, deren Unterlagen schon gegeben sind:

Die beim Gange der Pumpe auftretende Drucksteigerung und die damit wie besprochen zusammenhängende Verzögerung der Resonanz ist diesmal einfachheitshalber unbeachtet geblieben.

Aus den letzten Versuchen kann man folgern, daß der große Windkessel bei einer Anlage wie der in Rede stehenden ganz überflüssig ist, insofern als gerade durch ihn Schwingungen ermöglicht werden, die zu übermäßigem Arbeitsverbrauch Anlaß geben. Man kann also — in Uebereinstimmung mit der Praxis — folgern, daß besondere Windkessel größeren Inhaltes, die neben der Pumpe aufzustellen sind, zu vermeiden sind, wo die von der Pumpe zu überwindende Druckhöhe überwiegend eine statische Druckhöhe ist, wo also die Rohrleitung verhältnismäßig kurz und daher die beim Anlassen der Maschine zu beschleunigende Wassermasse verhältnismäßig gering ist. In Fällen natürlich, wo die Förderung der Flüssigkeit überwiegend wagerecht geschieht und wo daher überwiegend die Reibungsverluste der Rohrleitung den Widerstand bilden, da werden immer große Rohrlängen vorhanden und daher die zu beschleunigenden Massen im Verhältnisse zum Betriebsdruck so groß sein, daß man einen Windkessel genügenden Inhaltes zum Anlassen und Stillsetzen braucht, und zwar wird der Inhalt dann immer so groß sein müssen, daß man ihn nicht mehr in Form einer Windhaube anbringen kann. Dann aber hat man Windhaube, Windkessel und Rohrleitung nach Größe und Anordnung so zu bemessen, daß Schwingungen vermieden werden.

Ob es bei überwiegend statischer Druckhöhe wirklich empfehlenswert ist, den Windkessel fortzulassen, könnte allerdings wieder zweifelhaft erscheinen, wenn man in Zahlentafel 4 die unter b verzeichneten mittleren indizierten Drücke für diesen Fall mit den unter a verzeichneten vergleicht, die sich auf den lufterfüllten Windkessel beziehen. Man erkennt auch bei 30 ltr Luftinhalt der Windhaube, wo Resonanz nicht in Frage kommt, einen wenn auch nicht sehr erheblichen Mehraufwand gegenüber den mit lufterfülltem Windkessel indizierten Drücken.

Doch reichen die Zahlen nicht aus, um sicher zu beurteilen, ob der Mehraufwand allein von dem Ausschalten des Windkessels herrührt. Weitere Versuche schienen unlohnend, weil der Anteil unsicher ist, den die elastische Federung des wassergefüllten Windkessels an dem Ergebnis hat: den Windkessel mit Wasser füllen ist nicht dasselbe wie ihn wegnehmen..

7) Wirkung des Saugwindkessels.

Dieselben Erscheinungen wie am Druckwindkessel können natürlich auch am Saugwindkessel vorkommen, indem die vom Saugbrunnen zum Saugwindkessel führende Leitung bei passenden Druckverhältnissen in Resonanzschwingungen geraten kann. Solche Schwingungen zu erzeugen, wollte mir freilich an der Danziger Pumpe nicht gelingen. Eine Nachrechnung unter Beachtung der Tatsache, daß wegen der nur einfachen Saugwirkung der Pumpe auch nur ein Impuls auf jeden Umlauf kommt, zeigt, daß Resonanz bei 44 Umläufen der

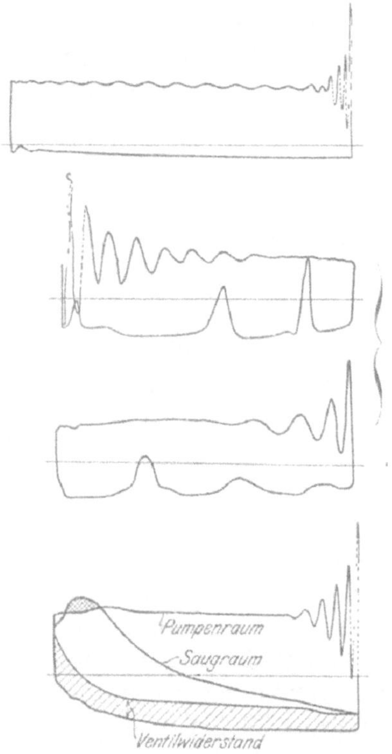

Nr. XXII. Danzig, 10. Oktober 1910, 3 Uhr 54 Min.
40 Uml./min; 6 mm = 1 at. Saugwindkessel ohne Luft.

Nr. XXIII. 67,6 Uml./min.

Braunschweig, Kanalpumpe. 15 mm = 1 at.

XXIV. 66,7 Uml./min.

Nr. XXV. Charlottenburg, 5. März 1904. 30 Uml./min;
25 mm = 1 at.

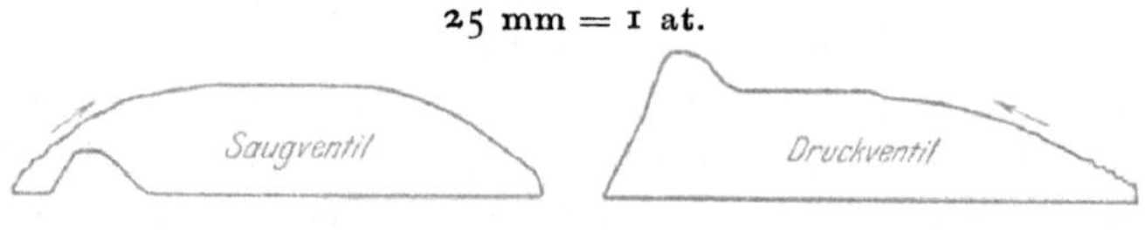

Fig. 21. Massenwirkungen in der Saugleitung. 1/3 nat. Größe.

Maschine auftreten müßten, wenn im Windkessel noch 10 ltr Luft vorhanden sind. Wenn man die Luft aus dem Saugwindkessel durch Oeffnen der Umlaufleitung um das Saugventil herum abließ, so brachte man es nur auf solche Verhältnisse, wie sie Diagramm XXII Fig. 21 zeigt. Man erkennt deutlich gegenüber früheren Diagrammen das Auftreten der Massenbeschleunigung der Saugsäule: die Sauglinie ist nicht mehr der Atmosphärenlinie parallel. Man erkennt auch am Anfang der Sauglinie eine Schwingung, die aber viel zu schnell ist, um Resonanz zu ergeben. Es scheint, als wenn die Luft nicht genügend aus dem Windkessel entfernt werden konnte.

Dagegen sind unter Nr. XXIII bis XXV Diagramme von anderen Pumpen dargestellt, die unzweifelhaft Resonanzschwingungen der Saugsäule erkennen lassen. Diagramme XXIII und XXIV entstammen einer Pumpe der Braunschweiger Kanalisation; sie wurden mir von dem Maschinenlaboratorium der dortigen Hochschule freundlichst überlassen. Die Schwingungen der Saugsäule sind besonders stark in Diagramm XXIII. Bei ihm kommt Resonanz in folgender Weise zustande: Die Pumpe ist eine doppeltwirkende Zwillingspumpe; die vom Saugbrunnen kommende Leitung verzweigt sich zu den Windkesseln, deren jede Maschinenhälfte einen hat. Die Verbindung der beiden Saugwindkessel miteinander erfährt bei jedem Umlauf zwei Impulse von jeder Seite her, und Resonanz kann auftreten, wenn die Eigenschwingungszahl dieser Verbindung das Zweifache, das Vierfache usw. der Umlaufzahl ist. Bei Diagramm XXIII kommen 8 Schwingungen auf eine volle Umdrehung, so daß Resonanz zweiter Ordnung vorliegt.

In Diagramm XXIII steigt der Druck der Saugsäule einmal so hoch an, daß beinahe der Förderdruck überschritten wird, was dann zu einem Aufdrücken der Ventile und einer Ueberförderung der Pumpe Anlaß gegeben hätte. In diesem Zusammenhang erinnerte ich mich einiger alter Diagramme, die ich an der Pumpmaschine des Charlottenburger Maschinenlaboratoriums vor langen Jahren gelegentlich erhalten hatte, ohne mir über ihr Zustandekommen im einzelnen damals Rechenschaft geben zu können. Sie sind unter Nr. XXV wiedergegeben. Die Pumpe fördert bei 30 Umläufen gegen den mäßigen Druck von 0,6 at, die Saughöhe ist etwa 2 m, die Diagramme sind mit einer schwachen Feder geschrieben. Die am Pumpenraum und am Saugraum aufgenommenen Kolbenwegdiagramme sind ineinander gezeichnet, die Erhebungsdiagramme des Saug- und des Druckventiles daneben zu sehen. Man braucht sich nur das Diagramm des Saugraumes in ein Zeitdiagramm umgezeichnet zu denken, um zu erkennen, daß im Saugraum Schwingungen auftreten, die den Charakter der bisher am Druckraume beobachteten Schwingungen haben: sie sind unsymmetrisch, beim höchsten Druck spitz, beim geringsten flach verlaufend, und die Diagrammecken sind abgerundet. Die Pumpe ist einfach saugend, ebenso wie die Danziger, und da im Diagramm XXV eine Schwingung auf den Umlauf kommt, so liegt Resonanz erster Ordnung vor. Daher sind die großen Amplituden der Schwingungen wohl erklärlich, die zu einem Ueberschreiten des im Pumpenraume herrschenden Druckes führen. Die Ueberschußfläche ist gestrichelt. Man sieht leicht, wie das Saugventil kurz vor dem Ende des Druckhubes aufgedrückt wird, und wie sich das Druckventil etwa zu gleicher Zeit weiter öffnet. Es strömt also Wasser vom Saugraum durch beide Ventile zum Druckraum, und ohne dieses Abblasen des Saugraumes würden in ihm zweifellos viel höhere Drücke entstanden sein. Während der Saugzeit folgt die Sauglinie des Pumpendiagramms den im Saugraum herrschenden Druckverhältnissen, und man erkennt deutlich den Ventilwiderstand. Diagramme wie die in Diagramm XXV dargestellten sind bekannt, nur wird vielfach davon gesprochen, sie entständen durch ein Abreißen der Saugsäule und durch die beim Zusammenprall der Wassermassen entstehenden Massenkräfte. Man sieht aber, daß die Vorgänge sich weniger gewaltsam abspielen. Eine Trennung der Wassersäule ist mindestens für eine Ueberförderung der Pumpe nicht nötig.

8) Luftsäcke, Ventilbewegung, Verschiedenes.

An Diagramm XXII Fig. 21 ist noch etwas Besonderes zu beobachten. Bei ihm ist nämlich die Drucklinie ganz von kleinen hochfrequenten Schwingungen durchsetzt, die in keinem der bisherigen Diagramme zu sehen sind. Auch ihre Entstehung läßt sich erklären, wenn man in Fig. 11 die Bauart der

Pumpe betrachtet, die außer der Windhaube noch einen Luftsack über dem Druckventil hat, der mit der Windhaube durch ein kurzes Rohrstück verbunden ist. Der Inhalt dieses Rohrstückes bildet eine beiderseits gefederte Masse, die in Schwingungen hoher Frequenz geraten kann, wenn der Luftsack mit Luft gefüllt ist. Nach längerem Arbeiten der Pumpe, wie das bei den anderen Diagrammen stets vorausgegangen war, war die Luft durch Wirbelungen des Wassers aus dem flachen Sack mit fortgerissen worden. Wenn aber bei Nr. XXII kurz vorher die dem Saugwindkessel entstammende Luft durch die Ventile gelassen war, so war der Sack noch voll Luft. In der Tat war leicht zu beobachten, daß die fraglichen Schwingungen auftraten, wenn man bei niedriger Umlaufzahl Luft durch die Ventile treten ließ, daß sie verschwanden, sobald die Umlaufzahl einmal, wenn auch vorübergehend, genügend hoch gesteigert war, um die Luft mitzureißen.

Da die Schwingungen in der Drucklinie mindestens ein Schönheitsfehler des Diagrammes sind, so wird man das Belassen von Luftsäcken im Druckraum als einen konstruktiven Mangel bezeichnen dürfen. Luftsäcke sind im Druckraum ebenso zu vermeiden, wie sie im Pumpenraum allgemein vermieden werden. Die Druckhaube soll außer der Windhaube keinen weiteren Luftsack enthalten.

Als Kennzeichen dafür, daß die Schwingungen jenem Luftsack ihre Entstehung verdanken, läßt sich noch die Tatsache anführen, daß das Diagramm des Druckraumes keine wesentlichen Schwingungen aufweist; also müssen die Schwingungen zwischen beiden Indikatoren stattgefunden haben, damit durch die Massenwirkungen der schwingenden Säule die Möglichkeit der periodisch wechselnden Druckunterschiede gegeben sei.

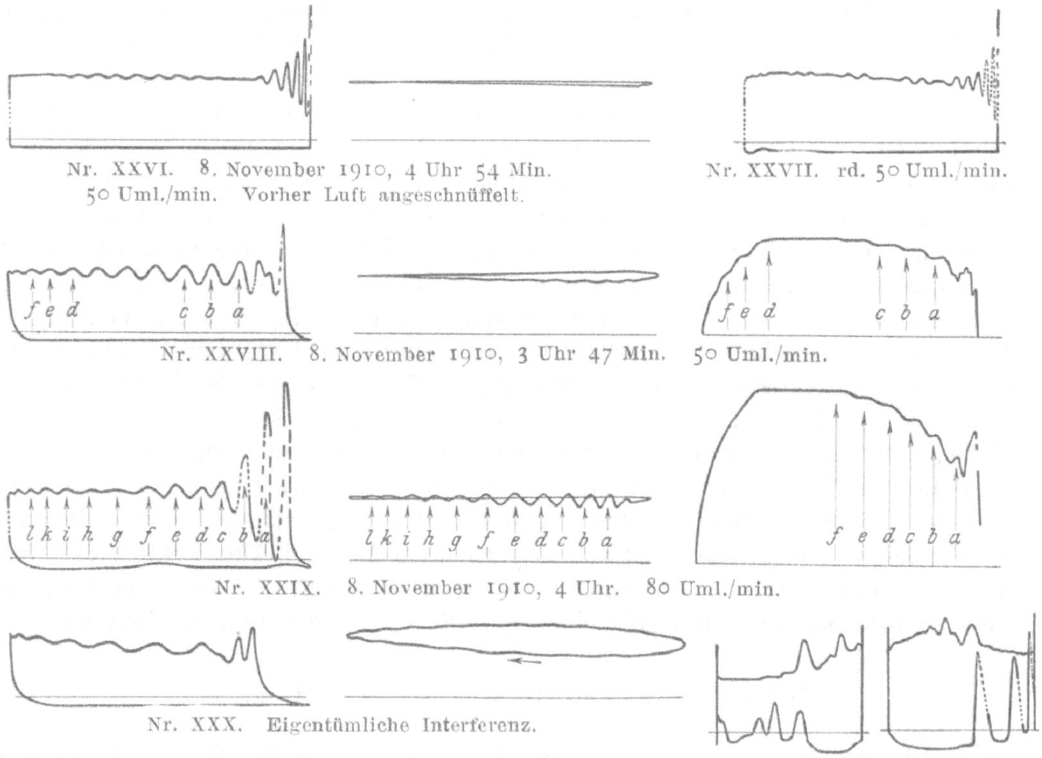

Stopfbüchsenseite. Deckelseite.

Fig. 22.

Diagramme von Pumpenraum, Druckraum und Bewegung des Druckventils, während oder kurz nachdem die Pumpe Luft mitfördert.

XXXI. Diagrammpaar eines Pumpenzylinders einer schwungradlosen Duplexpumpe.
18 Uml./min.

Was für sonderbare und auch irreführende Verhältnisse bisweilen vorkommen, möge noch an den Diagrammen XXVI bis XXXI der Fig. 22 erläutert werden. Diagramm XXVI wurde aufgenommen, nachdem vorher während einiger Hübe Luft durch ein Schnüffelventil am Pumpenraum eingesaugt worden war. Die angesaugte Luft war zweifellos wieder in den Luftsack gegangen, erzeugte dort die gleichen Schwingungen wie bei Nr. XXII. Doch schließen diesmal die Schwingungen nicht unmittelbar an die Indikatorschwingungen an, von denen sie in Nr. XXII nur durch eine unregelmäßig verlaufende Schwingung getrennt sind, sondern es herrscht zunächst Ruhe, und weiterhin klingen die Schwingungen erst an, dann ab. In Nr. XXVII, einem Diagramm, dessen Entstehungsverhältnisse nicht sicher bekannt sind, sieht man Aehnliches, jedoch mehrfach auftreten. Es sind Schwingungen vorhanden, die man auf Interferenzerscheinungen zwischen zwei schwingende Säulen wird zurückführen müssen. Vielleicht war noch etwas Luft vom Anschnüffeln her im Pumpenraum selbst, so daß eine Wassermasse zwischen Pumpenraum und dem vorher erwähnten Luftsack, eine zweite zwischen diesem und der Windhaube in Schwingungen geraten konnte; an dem Luftsack interferierten beide miteinander.

In Nr. XXVIII und XXIX wird dergleichen sicher der Fall gewesen sein. Diesmal wurde während des Schreibens der Diagramme etwas Luft eingesaugt, und zwar der größeren Gleichmäßigkeit wegen nicht durch ein Schnüffelventil, sondern durch ein am Saugwindkessel angebrachtes Lufthähnchen, dessen Oeffnen in der Wirkung einer Undichtheit der Saugleitung gleichwertig ist. Die Diagramme unterscheiden sich von den bisherigen durch die gebogene Kompressionslinie am Anfange des Diagrammes. An den beigezeichneten Ventilerhebungsdiagrammen ist es charakteristisch, daß das Ventil nicht mehr im Totpunkt öffnet, sondern später, und daß es daher wegen der schon endlichen Kolbengeschwindigkeit mit einem Schlag aufgeworfen wird. Es gerät in Schwingungen, die oft ein viel stärkeres Auf- und Niedergehen des Ventiles veranlassen, als in den beiden vorgeführten Diagrammen. Die im Pumpen- und im Ventildiagramm übereinstimmend eingezeichneten Marken a, b, c lassen erkennen, daß die Schwingungen des Ventiles und die im Pumpendiagramm auftretenden gleich schnell von statten gehen. Man ist geneigt, anzunehmen, es handele sich um Eigengeschwindigkeiten des Ventiles, doch trifft das nicht zu. Es wurde nämlich das Gewicht des Ventiles zu 3,91 kg bestimmt, entsprechend einer Masse $m = 0{,}395$, und durch Belasten der Ventilfeder wurde festgestellt, daß sie sich unter je 10 kg Belastung um 3,9 mm verkürzte, entsprechend einer Federkonstanten $c = \frac{10}{0{,}0039} = 2560$ kg/m. Die Eigenschwingungszeit des Ventiles ist also

$$t_s = 2\pi\sqrt{\frac{m}{c}} = 0{,}078 \text{ sk},$$

also offenbar viel größer, als für die Schwingungen der Nr. XXX und XXXI zur Verfügung steht. Deren Schwingungsdauer ergibt sich vielmehr in der Weise, die durch Fig. 23 für Nr. XXIX veranschaulicht wird, zu

$$t_s = 0{,}036 \text{ sk bei Nr. XXVIII,}$$
$$t_s = 0{,}021 \text{ » » » XXIX.}$$

Es handelt sich also nicht um Schwingungen des Ventiles, die sich auf das Wasser im Pumpenraum als Druckschwankungen übertragen, vielmehr wird das Ventil durch die Wassermassen hin- und hergerissen, die vom Pumpenraum zum Druckraum hin- und herpendeln, sobald im Pumpenraum ein federndes Luftpolster vorhanden ist. Wenn ein solches Luftpolster fehlt, so treten selbst bedeutende Druckschwankungen, weil kaum mit Bewegung von Wassermassen verbunden, in den Pumpenraum über, ohne das Ventil wesentlich zu beein-

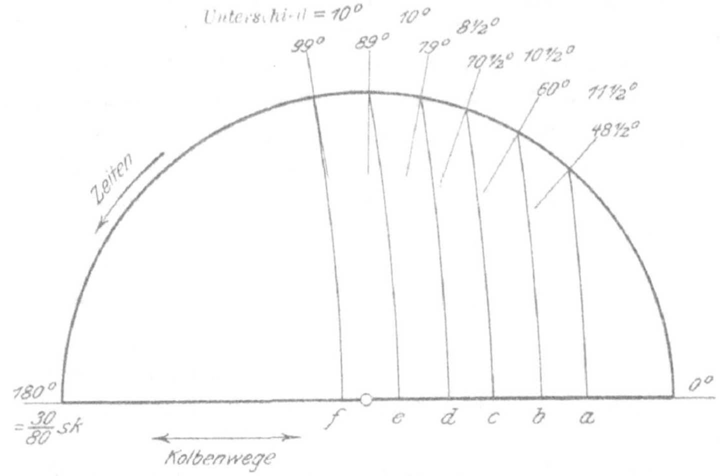

Fig. 23.

flussen. In Fig. 24 sind einige Diagramme mit zugehörigem Ventilerhebungsdiagramm gezeichnet. Man sieht, daß die Ventilbewegung von den gewaltigen Druckschwingungen, die durch das Ventil hindurchgehen, unberührt bleibt. Immerhin nicht ganz; denn die bei *a* und *b* eintretenden Höchstwerte des Druckes kann man, wenn der Augenschein nicht täuscht, im Ventilerhebungsdiagramm als Knicke wiederfinden. Daran mag namentlich der Indikator schuld sein, weil er den Pumpenraum elastisch macht.

Daß die bei Nr. XXVIII und XXIX eben berechneten Schwingungszeiten 0,036 und 0,021 sich fast umgekehrt wie die Umlaufzahlen 80 zu 50 verhalten, daß daher jedes der Diagramme 14 Schwingungen enthält, dürfte ein Zufall sein. Dem Sinne nach ist es erklärlich, daß bei langsamem Pumpengang durch den gleich weit geöffneten Hahn mehr Luft für 1 Hub in den

Nr. XXXII. 5 Uhr 6 Min. V_0 = rd. 2 ltr; 60 Uml./min.

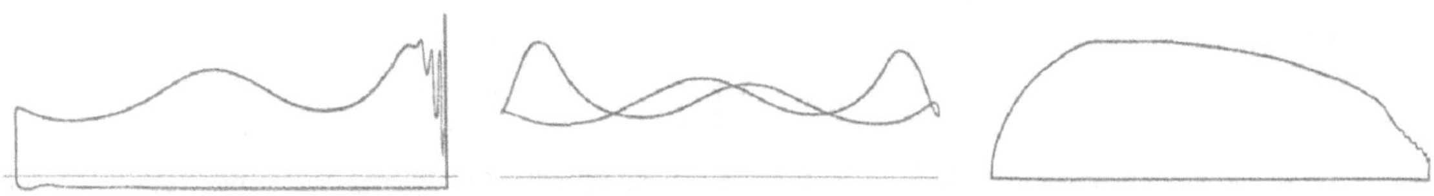

Nr. XXXIII. 5 Uhr 16 Min. V_0 = rd. 0,5 ltr; 50 Uml./min.

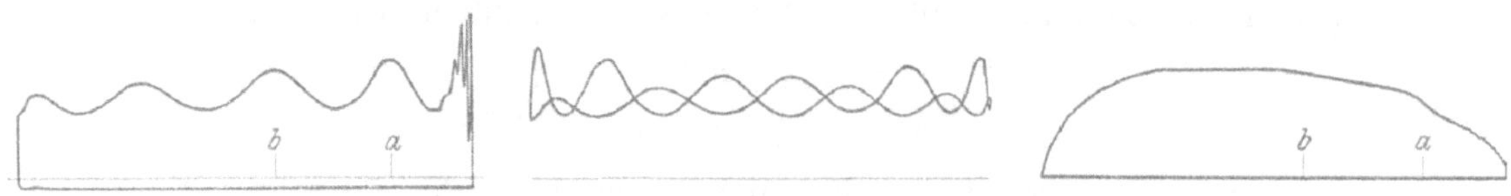

Nr. XXXIV. 4 Uhr 44 Min. $V_0 = 0$; 40 Uml./min.

Fig. 24. Ventilerhebungsdiagramme. 6. Oktober 1910. 6 mm = 1 at; $^1/_3$ nat. Größe.

Pumpenraum tritt, also die Schwingungszeit mit der Umlaufzeit zunimmt, doch sollte die Zunahme der Wurzel aus der Umlaufzeit proportional sein.

Wenn in Diagramm XXIX, Fig. 22, auch im Druckraumdiagramm Schwingungen sichtbar sind, so ist das nach den früheren Darlegungen unerwartet. Es ist kaum verständlich, daß nahe dem großen Volumen der Windhaube so schnelle und starke Druckschwankungen sollen vor sich gehen können, wie das Druckraumdiagramm sie zeigt. In der Tat handelt es sich um eine Täuschung: der Indikator gibt die Schwingungen, die an jener Stelle nur sehr schwach sein können, sehr verstärkt wieder, weil sie gerade mit der Frequenz seiner eigenen Schwingungszahl erfolgen. Aus Diagramm IIIa, Fig. 14, ergibt sich, in gleicher Art wie in Fig. 23 dargestellt, daß die Dauer der ersten $8\frac{1}{2}$ Indikatorschwingungen etwa 52^0 Kurbeldrehung entspricht, woraus sich für den Indikator, so wie er angebaut ist, also unter Berücksichtigung der ihn erfüllenden Wassermasse, eine Eigenschwingungszeit

$$t_s = \frac{1}{8,5} \cdot \frac{60 \cdot 52}{40 \cdot 360} = 0,025 \text{ sk}$$

berechnet. Zieht man die Unsicherheit der Messung in Betracht — die erste Schwingung setzt nicht im Totpunkt ein, wie die Zeitdiagramme lehrten, die Messung geschah nicht am Druckraum-, sondern an dem allerdings gleich gebauten Pumpenraumindikator —, so wird die Uebereinstimmung mit der Schwingungszeit des Diagrammes XXIX, die wir oben mit 0,021 sk berechneten, sehr befriedigen. Den Ausschlag kann noch die Entstehung des Diagrammes XXIX geben: nachdem die annähernde Uebereinstimmung der beiden Zahlen in Diagramm XXVIII beobachtet worden war, wurde die Umlaufzahl vorsichtig so lange erhöht, bis ziemlich plötzlich die starken Schwingungen am Druckraumindikator auftraten.

Man sieht, daß man bei Beurteilung von Schwingungsvorgängen gelegentlich durch den Indikator irre geführt werden kann.

Nr. XXX der Fig. 22 endlich ist abgebildet, um am Pumpendiagramm eine sonderbare Form von Schwingungen zu zeigen, die offenbar aus zwei miteinander in Resonanz wohl zweiter Ordnung befindlichen Zügen bestehen. Das Druckraumdiagramm bildet bemerkenswerterweise keine Acht, sondern eine Ellipse; durch das Lufteinsaugen wird also der Impuls des Hauptkolbens so geschwächt, daß der des Stufenkolbens, der wegen der endlichen Schubstangenlänge ohnehin der stärkere ist, allein vorherrscht, und daß also eine Resonanzschwingung in der Zwischenleitung entstehen kann, deren Periode — trotz der doppelten Wirkung der Pumpe — nur gleich der Umlaufzahl der Pumpe ist. Es wollte nicht glücken, dieses gelegentlich unter unbekannten Bedingungen erhaltene Diagramm nochmals aufzunehmen.

Besonders stark und freilich auch unregelmäßig treten Schwingungen an der Saugseite, gelegentlich auch an der Druckseite der Diagramme von schwungradlosen Pumpen auf. In Nr. XXXI sind zwei Diagramme einer Weise & Monskischen Duplexpumpe abgebildet. Die Schwingungen haben den uns schon bekannten unsymmetrischen Charakter. Da der Kolben bei solchen Pumpen nicht von einem Schwungrad gleichmäßig durchgezogen wird, so müssen die Druckschwankungen zu beiden Seiten des Arbeitskolbens starke Aenderungen der Kolbengeschwindigkeiten zufolge haben: und in der Tat sieht man manchmal die Kolbenstange solcher Pumpe selbst bei langsamem Gange gleichmäßig durchziehen, während der Kolben ein andermal ohne ersichtlichen Grund seinen Weg in mehreren Sprüngen durchmißt. Auch hier werden Schwingungs- und Resonanzerscheinungen die Erklärung geben können, allerdings oft im Zusammenwirken mit der wechselnden Stopfbüchsenreibung. Daß die Schwingungen der Sauglinie einer Zylinderseite immer mit denen der Drucklinie der anderen zusammengehen, wird auch durch den ungleichmäßigen Kolbengang zu erklären sein.

9) Versuche mit herausgenommenem Druckventil.

Für die mathematische Behandlung des Schwingungsvorganges bedeutete es eine erhebliche Erschwerung, daß der die Schwingungen anregende Impuls eine mathematisch verwickelte Form insofern hat, als durch den Gang der Ventile in jedem Totpunkt eine Unstetigkeit in den Impuls gelangt. Die der Kolbenbewegung entsprechenden Wassergeschwindigkeiten werden durch die Kurve 1 der Fig. 25a dargestellt, die ihr entsprechenden Beschleunigungen durch die Kurve 2 der gleichen Figur. Kurve 2 insbesondere weist im Totpunkt einen Sprung auf.

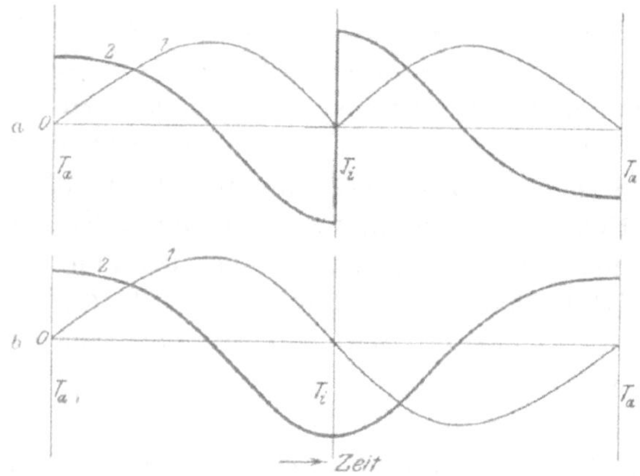

Fig. 25. **Wasserförderung (1) und Beschleunigung (2) bei vorhandenem (*a*) und herausgenommenem (*b*) Druckventil.**

Wenn man das Druckventil aus der Pumpe entfernt, so ändert sich die Form des Impulses — man beachte, daß es sich um eine Stufenkolbenpumpe handelt — in diejenige, die in Fig. 25b dargestellt ist. Wir haben jetzt eine fast reine Sinusfunktion und Cosinusfunktion. Das beim Hingang geförderte Wasser wird beim Rückgang wieder zurückgesaugt. Mathematisch würde sich an den Formeln des Abschnittes 3 das ändern, daß man überall die eckige Klammer um die Funktion $[\sin \omega t]$ fortlassen könnte: es sind nicht nur absolute Werte des eingeklammerten Ausdruckes einzusetzen.

Das Druckventil wurde also aus der Pumpe entfernt, die Druckleitung zum Wasserturm Fig. 11 abgesperrt. Da kein Wasser mehr gefördert wurde, so mußte der Gegendruck durch Eindrücken von Luft in den großen Windkessel künstlich geschaffen werden. Ein besonderer Kompressor war dazu vorhanden. Das Saugventil der Pumpe, das nun gar nicht mehr in Tätigkeit trat, erwies sich als genügend dicht.

Eine Auswahl der jetzt indizierten Diagramme zeigt Fig. 26, bei der alle Diagramme bei gleicher Umlaufzahl aufgenommen sind, während wie früher (Fig. 9 und 15) die Luftmenge in der Windhaube von einem genügend großen Wert bis auf null verändert und die ausgelassene Menge mittels Luftuhr gemessen wurde.

XXXV. 11 Uhr.
V_0 = rd. $27^1/_2$ ltr.

XXXVI. 11 Uhr 19 Min.
V_0 = rd. 20 ltr.

XXXVII. 11 Uhr 32 Min.
V_0 = rd. 15 ltr.

XXXVIII. 12 Uhr 10 Min.
V_0 = rd. $10^1/_4$ ltr.

XXXIX. 12 Uhr 16 Min.
V_0 = rd. $8^3/_4$ ltr.

XXXX. 12 Uhr 24 Min.
V_0 = rd. $6^3/_4$ ltr.

XXXXI. 12 Uhr 29 Min.
V_0 = rd. $4^3/_4$ ltr.

XXXXII. 12 Uhr 36 Min.
V_0 = rd. $3^1/_4$ ltr.

XXXXIII. 12 Uhr 39 Min.
V_0 = rd. $2^3/_4$ ltr.

XXXXIV. 12 Uhr 40 Min.
V_3 = rd. $2^1/_4$ ltr.

XXXXV. 12 Uhr 42 Min.
V_0 = rd. 1,8 ltr.

XXXXVI. 12 Uhr 46 Min.
V_0 = rd. 1,3 ltr.

XXXXVII. 12 Uhr 48 Min.
V_0 = rd. 1,1 ltr.

XXXXVIII. 12 Uhr 50 Min.
V_0 = rd. 0,8 ltr.

XXXXIX. 12 Uhr 54 Min.
V_0 = rd. 0,6 ltr.

L. 12 Uhr 59 Min.
V_0 = rd. 0,3 ltr

LI. 1 Uhr 5 Min.
V_0 = rd. 0 ltr.

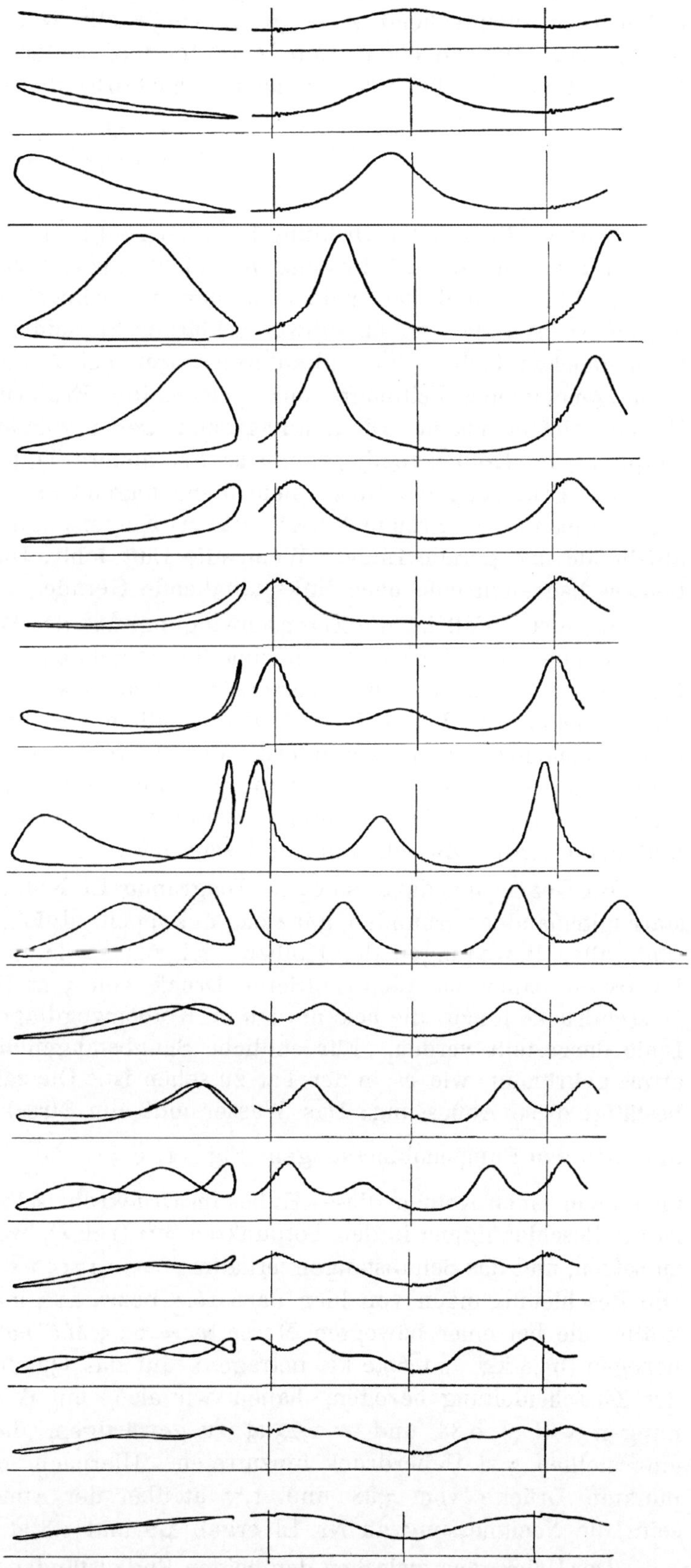

Fig. 26. Kolbenweg- und Zeitdiagramme, bei herausgenommenem Druckventil aufgenommen. 26. Januar 1911. 60 Uml./min; p_0 = 3 at Ueberdruck; 6 mm = 1 at. $^1/_4$ nat. Größe.

Da bei den in Fig. 26 wiedergegebenen Diagrammen der Druck auf 3 at Ueberdruck entsprechend $p_0 = 4{,}05$ at eingestellt war und die Umlaufzahl 60 betrug, entsprechend einem Impuls sekundlich, da ferner f_0 und l_0 die gleichen Werte hatten wie früher, so ist nach Formel (9b) Resonanz erster Ordnung bei

$$^{60}/_{60} = 1 = 0{,}226 \sqrt{\frac{7{,}6}{0{,}0078} \cdot \frac{V_0}{4{,}05}}$$

$$V_0 = 8{,}1 \text{ ltr}$$

zu erwarten, die zweiter Ordnung bei $V_0 = 2{,}0$ ltr. In Wahrheit beobachten wir sie bei $10^1/_4$ und bei $2^3/_4$ ltr, also bei nicht allzu stark abweichenden Werten.

In Fig. 26 sind stets nebeneinander gezeichnet ein Kolbenwegdiagramm, dessen wechselnde Formen schwer erklärlich zu sein scheinen, und ein genau beim gleichen Hub — die Indikatoren waren bei J_1 und J_2, Fig. 11, angebaut — aufgenommenes Zeitdiagramm, welches die Erklärung dieser wechselnden Formen einfach macht. Die Zeitdiagramme gehen vom äußeren bis zum äußeren Totpunkt, im Kolbenwegdiagramm ist der äußere Totpunkt rechts gelegen.

Zur Erklärung der Diagramme diene folgendes: Bei sehr großem Luftinhalt der Windhaube, Diagramm XXXV, ist das Kolbenwegdiagramm eine nach rechts abfallende fast gerade Linie. Wenn alle Luft fehlt, Diagramm LI, ist das Kolbenwegdiagramm eine nach links abfallende Gerade.

Im ersten Fall ist die Eigenschwingungszeit der Wassersäule im Zwischenrohr so lang, daß die zu schnell einander folgenden Impulse des Kolbens kaum Einfluß auf sie haben, die Wassersäule steht fast still, die Kolbenförderung und -entnahme wird von der Windhaube allein bestritten, in der sich der Luftdruck dementsprechend verändert. Man würde dasselbe Diagramm erhalten, wenn man etwa die Zwischenleitung mittels Blindflansches verschlösse. Man kann auch sagen, die Koppelung zwischen der erregenden Kolbenbewegung und der erregten Zwischensäule sei sehr lose.

Im Gegensatz dazu sind in Diagramm LI Kolben und Wassersäule fast starr miteinander verbunden, ganz eng gekoppelt. Infolgedessen muß die Wassersäule allen Bewegungen des Kolbens folgen, so lange sie nicht etwa abreißt. Es treten daher zu dem mittleren Druck von 3 at Ueberdruck jederzeit die Massendrücke hinzu, die bekanntlich im Kolbenwegdiagramm durch eine gerade Linie dargestellt werden. Für endliche Schubstangenlänge ist die gerade Linie etwas gekrümmt, wie es in der Tat zu sehen ist. Die zahlenmäßige Nachprüfung bestätigt diese Auffassung: Das Wasser muß um Strecken hin- und herpendeln, die nach den Pumpenabmessungen, Fig 11, $0{,}3 \cdot \frac{215^2 - 152^2}{100^2} = 0{,}694$ m betragen; man kann einen Kolben dieses Hubes im Druckrohr selbst bewegt denken. Dann ist die Beschleunigung in den Totpunkten $\omega^2 r (1 \pm \lambda)$, wo $r = {}^1/_2 \cdot 0{,}694 = 0{,}347$ m zu setzen, und das Schubstangenverhältnis $\lambda = 0{,}1715$ ist. Bei $n = 60$ ist $\omega = 6{,}28$. Die Beschleunigungen von hier nach 16,0 bezw. 11,4 m/sk² verursachen Massenkräfte, die bei einer bewegten Masse $m_0 = 6{,}05$ *ME* auf den ganzen Querschnitt bezogen 95,8 kg und 69,0 kg betragen; auf das Quadratzentimeter Querschnitt der Zwischenleitung bezogen, haben wir also, mit $f_0 = 78{,}5$ qcm, Massenspannungen von + 0,88 und — 1,23 at zu gewärtigen, die zu den im Windkessel eingestellten 3 at Ueberdruck hinzutreten. Hiernach sollten in den beiden Totpunkten Drücke von 3,88 und 1,77 at über der Atmosphärenlinie zu messen sein; die Nachmessung an Nr. LI ergab 4,0 und 1,8 at.

Der Uebergang zwischen den beiden Endzuständen erfolgt durch Diagramme wechselnder Gestalt. Woher die wechselnde Form kommt, zeigen die Zeitdiagramme. Das Zeitdiagramm zeigt nämlich bei ganz loser Koppelung zunächst eine reine Sinuslinie mit ihrem Höchstpunkt im inneren Totpunkt. Der Höchstpunkt des Druckes eilt also dem Höchstpunkt der erregenden Beschleunigung, Fig. 25b, um 180° nach. Wird die Koppelung enger, so geht der Höchstpunkt näher auf die Erregung zu, d. h. nach vorn. Danach müssen die Amplituden wachsen, weil jetzt im Kolbenwegdiagramm Arbeitsflächen frei werden, was im Diagramm XXXV nicht der Fall war. Die größte Arbeitsfläche im Diagramm XXXVIII tritt auf, wenn der Höchstdruck die Hubmitte erreicht. Die Größe der Amplitude ist ja wie früher durch die Energiezufuhr bestimmt. Bei immer engerer Koppelung erreicht die Erregung etwa in Diagramm XXXXI

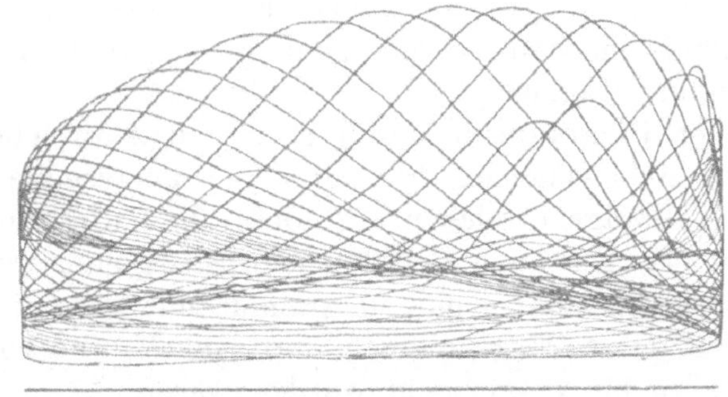

Fig. 27a. 26. Januar 1911, 2 Uhr 20 Min. Ohne Druckventil. $n =$ rd. 57; $p_0 = 4$ at abs.; $V_0 = 30$ bis 0 ltr.

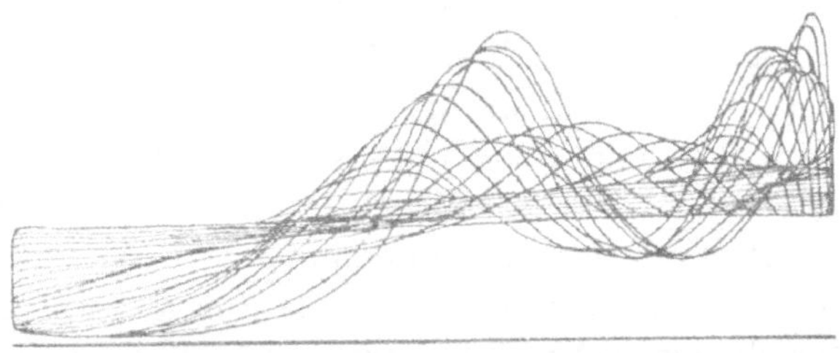

Fig. 27b. 26. Januar 1911, 6 Uhr. Ohne Druckventil. $V_0 =$ rd. 0; $n = 85$ bis 0; $p_0 = 4$ at abs.

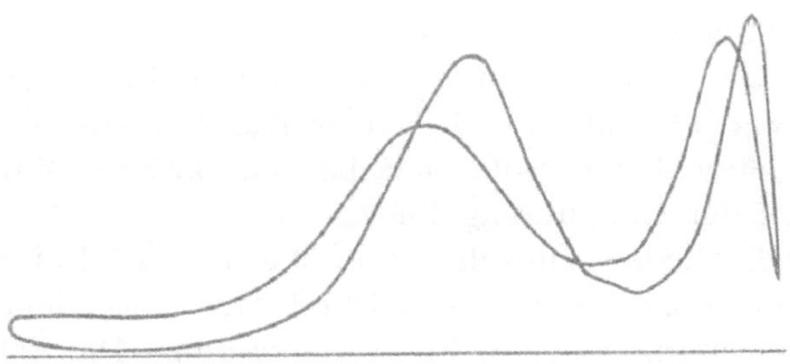

Fig. 27c. 26. Januar 1911, 5 Uhr 58 Min. Ohne Druckventil. $V_0 =$ rd. 0; $n = 85$; $p_0 = 4$ at abs.

den äußeren Totpunkt, und man könnte erwarten, daß der ganze Vorgang nun beendet sei. Doch verläuft jetzt in der Mitte des Zeitdiagrammes, also im äußeren Totpunkt, die Drucklinie wagerecht, sie ist gewissermaßen widerstandslos gegen ein Einknicken nach oben, und so wird der Impuls jetzt im äußeren Totpunkt eine zweite Schwingung herausdrücken können, gerade so wie er ursprünglich im äußeren Totpunkt die Hauptschwingung erzeugt hat. In Nr. XXXXII ist die zweite Schwingung deutlich ausgeprägt. Auch sie wandert nach vorn und drückt dabei die Hauptschwingung sogar über den äußeren Totpunkt hinaus. In Nr. XXXXV hat sich vollständige Symmetrie des Bildes herausgebildet, beide Buckel sind gleich groß. Nun kann im äußeren Totpunkt eine neue Schwingung, die dritte, entstehen, die wieder nach vorn wandert, und so fort. Die Schwingungen sind jeweils über die Massendrucklinie gelagert, bis das letzte Diagramm die Massendrucklinie rein zeigt: jetzt sind unendlich viel Schwingungen von unendlich kleiner Amplitude über sie gelagert.

In Fig. 27a bis c sind einige weitere, ebenfalls bei herausgenommenem Druckventil aufgenommene Diagramme abgebildet: ein bei gleichmäßigem Ausblasen der Luft aus der Windhaube aufgenommenes Bündel, das die Formen der Fig. 26 in ihrer Aufeinanderfolge zeigt, und ein ohne Luft in der Windhaube aufgenommenes Bündel, bei dem die Pumpe nach Abstellen des Dampfes auslief. Wenn nicht gerade infolge einer Luftblase Resonanzwirkungen auftraten, wie in Fig. 27c und anfangs in 27b, so konnte die Pumpe ohne Windhaube ruhig bis gegen 100 Umläufe machen — viel mehr nicht, wollte man nicht ein Abreißen der Wassersäule wagen.

Bei den letzten Diagrammen der Fig. 27 mit zahlreichen Schwingungen wurden nur kleine Arbeitsflächen frei, und die umgesetzten Energiemengen können nur mäßige Beträge erreichen. Anders im Falle der Resonanz erster oder zweiter Ordnung. Um auch hier über den Energieumsatz einen Ueberblick zu gewinnen, wurden an einem der Diagramme mit Resonanz erster Ordnung die gleichen Auswertungen vorgenommen, wie sie für die Diagramme im normalen Gang in Fig. 16 bis 19 gemacht worden waren.

Zur Auswertung wurde das in Fig. 28A dargestellte Kolbenwegdiagramm Nr. LII benutzt und aus diesem das in der gleichen Figur ersichtliche Zeitdiagramm durch Umzeichnen erhalten. Die Auswertung wurde nämlich zu einer Zeit gemacht, wo die Diagrammreihe Fig. 26 noch nicht aufgenommen war.

Zunächst ergab sich wieder eine gute Nachprüfung für die Genauigkeit des Umzeichnens daraus, daß der mittlere Druck im Zeitdiagramm durch die Schwingungen nicht verändert wird, wie es sein muß. Die Abweichungen waren in der Tat in allen Fällen so gering, daß man daraus auf die große Zuverlässigkeit sorgfältig geschriebener Indikatordiagramme schließen kann, andererseits erkennt man aber auch daraus die Zulässigkeit des Umzeichnens von Kolbenweg- in Zeitdiagramme unter günstigen Umständen.

Aus diesem Diagramm wurden weiterhin der Reihe nach die Schaubilder *B* bis *D* erhalten, Fig. 28 und 29. Die Auswertung wurde, wie früher jene des Diagramms Nr. X, einmal für isothermische, ein zweites Mal für adiabatische Zustandsänderungen der Luft durchgeführt.

Unter *B* sind wieder zunächst die Werte des Luftinhaltes, wie sie sich gemäß der angenommenen Zustandsänderung aus dem Druckdiagramm berechnen lassen, abhängig von der Zeit aufgetragen. Die Volumenänderungen sind viel größer als bei den früheren Diagrammen, weil das eingestellte Volumen diesmal, wo es sich um nur einen Impuls auf den ganzen Umlauf handelt, erheblich größer war und sein mußte, sollten nicht unzulässig hohe Drücke auftreten.

Daher ergeben sich auch in der Schaubildern *C* beim Ableiten der Kurve größere Werte $\frac{dV}{dt}$, als es früher der Fall war. Zu diesen Werten $\frac{dV}{dt}$ ist wieder die Kolbenförderung hinzuzuzählen, die diesmal durch eine glatte, nur etwas verschobene Sinuslinie dargestellt wird, und man erhält die Kurve der Wassermenge oder der Wassergeschwindigkeit im Druckrohr. Man sieht, daß diesmal Wassergeschwindigkeiten über 9 m/sk vorkommen, wenn wir isothermische, und daß immerhin noch 7 m/sk berechnet werden, wenn wir adiabatische Zustandsänderungen voraussetzen. Es handelt sich um entsprechend große Leistungen, die abwechselnd von den beiden Windkesseln auf die Wassersäule übertragen und ihr wieder entnommen werden: einer Wassergeschwindigkeit von 9 m/sk entspricht, da die bewegte Wassersäule im Zwischenrohr 6,05 Masseneinheiten ausmacht, ein Inhalt an kinetischer Energie von $\frac{1}{2}\,m\,w^2 = \frac{6{,}05}{2} \cdot 81 \infty 245$ mkg, der der Wassermasse bei einem Umlauf, also in etwa 1 sk, einmal nach jeder Richtung, also zweimal erteilt und zweimal entzogen wird. Es handelt sich daher um durchschnittliche Leistungsumsätze von $245 \cdot 4 = 980$ mkg/sk $= \frac{980}{75} = 13{,}1$ PS; das ist etwa dreimal soviel wie die höchste Leistung der Pumpe bei dieser Umlaufzahl, wenn sie mit Druckventil arbeitet und Wasser fördert.

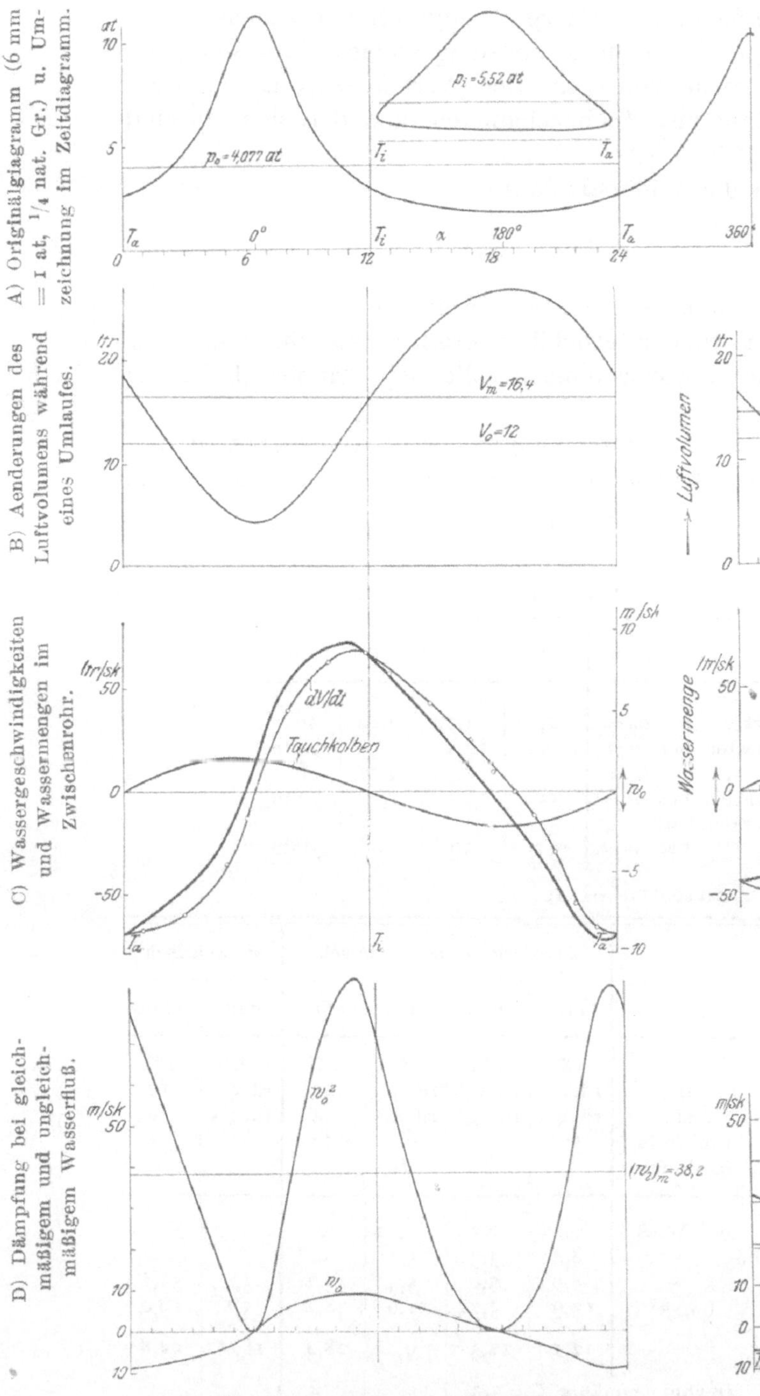

Fig. 28. Isothermische Zustandsänderung.

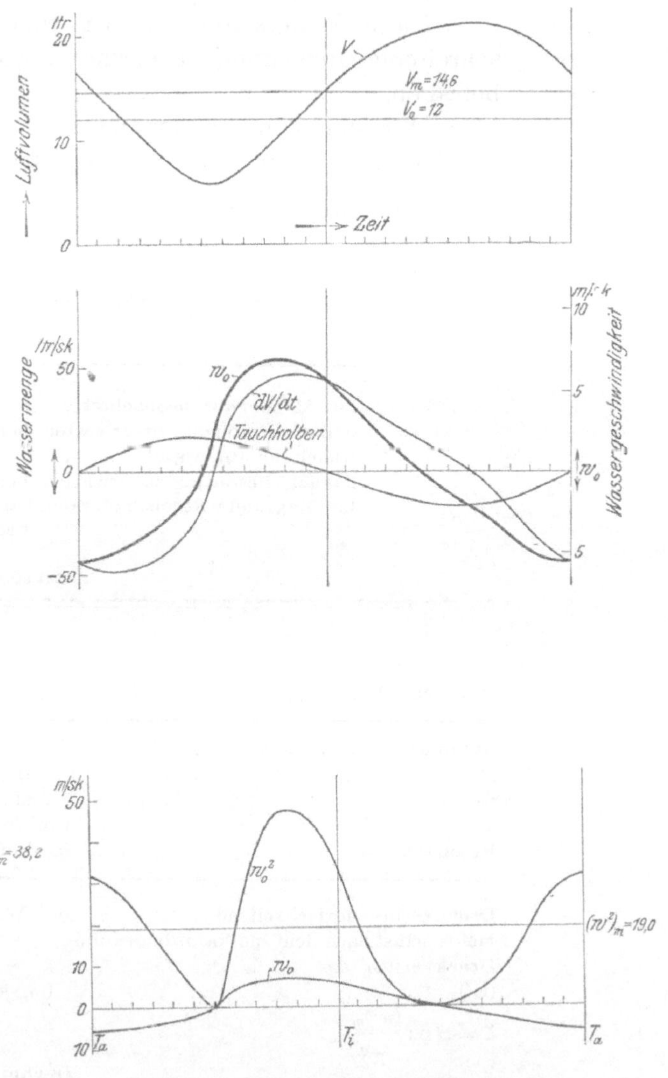

Fig. 29. Adiabatische Zustandsänderung.

Fig. 28 und 29. Auswertung eines Diagrammes, aufgenommen bei herausgenommenem Druckventil.

Aus dem Schaubild C wurde zunächst wieder die Kurve der Wassergeschwindigkeiten w_0 in verkleinertem Maßstab in das Schaubild D übertragen, die mittlere Geschwindigkeit war diesmal $w_m = 0$ und demnach auch der Quadratwert $(w_m)^2 = 0$. Bildet man dagegen zu den jeweiligen Geschwindigkeitswerten die Quadrate, so erreichen die Spitzen eine beträchtliche Höhe, und der durch Planimetrieren gefundene Mittelwert beträgt $(w^2)_m = 38{,}2$ bezw. $19{,}0$ (m/sk)^2.

Genau wie bei den früheren Schaubildern gibt nun der letztere Mittelwert ein Maß für den durch Dämpfung verlorenen Energiebetrag. Anderseits wird diesmal die zum Ersatz der abgedämpften Energie aufgewendete Arbeit durch die ganze Fläche des unter A gezeichneten Arbeitsdiagrammes dargestellt, da eine nutzbare Wasserförderung nicht vorliegt. Der Wert $p_i = 5{,}5$ at entspricht dem Druckanstieg, den wir früher mit Δp bezeichneten, und der sich diesmal nicht in gleicher Weise finden läßt.

Wie früher berechnet sich die Widerstandszahl

$$\zeta = p_i : \frac{(w^2)_m}{2g} = 28{,}4 \text{ bezw. } 55{,}8$$

für Annahme isothermischer und abiabatischer Aenderungen.

Diese Widerstandszahl ist wieder erheblich größer, als für eine fortschreitende Bewegung zu erwarten wäre; danach sollte wie erinnerlich $\zeta = 3{,}3$ betragen.

Wir stellen in Zahlentafel 10 die Berechnungen der verschiedenen Widerstandszahlen zusammen, die wir früher und jetzt erhielten, und geben in der letzten Reihe die Werte $\frac{(w^2)_m}{\zeta}$ an, die in allen Fällen von Resonanz erster

Zahlentafel 9. Großer Windkessel ohne Luft.

	$V_0 =$	0	4	30	ltr
am Manometer beobachtet . . .	$t_{i0} =$	1,14	1,74	3,82	sk
danach Resonanz zu erwarten bei	$n =$	26,4	17,2	7,9	/min
Gleichung (9) ergibt	$t_{i0} =$	0	1,54	4,21	sk
danach Resonanz zu erwarten bei	$n =$	∞	19,5	7,1	/min
im Diagramm Resonanz erkennbar bei	$n =$	< 20	20	—	/min

Zahlentafel 10.

		Auswertung isothermisch				adiabatisch	
Druckventil		mit	mit	mit	ohne	mit	ohne
Nummer		IX	VII	X	LII	X	LII
V_0	ltr	rd. 4	rd. 0,5	rd. 4	12	rd. 4	12
p_0	at	rd. 4,5	rd. 4,5	rd. 4,5	4	rd. 4,5	4
n	Uml /min	50	60	60	58	60	58
Resonanz	Ordnung	1.	2.	1.	1.	1.	1.
Druckverlust fortschreitend	mm W.-S.	0,22	0,32	0,32	0		
Mehrverlust nach dem Indikatordiagramm	»	8,4	3,3	5,1	0		
Druckverlust Δp	»	8,6	3,6	5,4	55,2	5,4	55,2
$(w^2)_m$	(m/sk^2	13,9	3,12	11,6	38,2	5,8	19,0
$\zeta = \Delta p : \frac{(w^2)_m}{2g}$		12,1	22,5	9,2	28,4	18,6	55,8
	(rechnungsmäßig $\zeta = 3{,}3$)						
$\frac{(w^2)_m}{\zeta}$		1,15	(0,14)	1,26	1,35	0,31	0,34

Ordnung auffallend gleich ausfallen. Daß sich nämlich einerseits für isothermische, anderseits für adiabatische Aenderungen verschiedene Werte ergeben, liegt nur in den Rechnungsannahmen. Daraus aber, daß man unter gleichen Annahmen Werte ζ erhält, die etwa proportional dem mittleren Geschwindigkeitsquadrat sind, folgt, daß die Widerstände einer Leitung beim Auftreten von Schwingungen jedenfalls erheblich schneller als nur mit dem Quadrat der Geschwindigkeit ansteigen: sie scheinen etwa mit der vierten Potenz derselben zu wachsen. Zu einer genaueren Ermittlung des Gesetzes schien mit Rücksicht auf die Mühseligkeit der Auswertung und auf die Unsicherheit der zu erwartenden Ergebnisse kein Anlaß vorzuliegen. Für das Diagramm mit Resonanz zweiter Ordnung ergab sich ein abweichender Wert von $\frac{(w)^2_m}{\zeta}$. Es liegen wohl in diesem Fall zu sehr von den anderen verschiedene Verhältnisse vor.

Immerhin ist der Nachweis, daß die Widerstandszahl mit zunehmender Geschwindigkeit und überhaupt beim Auftreten von Schwingungen stark anwächst, wertvoll. Die Tatsache gewährt eine gewisse Sicherheit gegen das übermäßige Anwachsen der Schwingungen, und ohne sie dürften erheblich mehr Pumpen durch Resonanzschwingungen brechen, als es nun der Fall ist. Anderseits sind Fälle denkbar, wo die gleiche Tatsache unangenehm werden könnte: beim Berechnen der Leitungen zwischen den Frahmschen Schlingertanks wird man sich über die Größe des zu erwartenden Energieaustausches sehr täuschen können, wenn nicht etwa in diesem Fall der Austausch zu langsam vonstatten geht, als daß die höheren Werte auftreten.

Zum Schluß sei Folgendes nicht verschwiegen. Es wurde versucht, auch für das jetzige Diagramm Nr. LI den Kreis zum Indikatordiagramm zurück in ähnlicher Weise zu schließen, wie das in Fig. 18 und 19D geschehen war in der Hoffnung, diesmal, wo die Unstetigkeit der Beschleunigung am Hubende fortfiel, besser stimmende Verhältnisse und dadurch vielleicht Aufschluß über die Frage zu erhalten, welche Zustandsänderung die wirklichen Verhältnisse besser annähere. Diese Hoffnung hatte überkaupt den Anlaß zum Aufnehmen von Diagrammen bei herausgenommenem Druckventil gegeben. Die Berechnung führt indessen diesmal auf grobe Unstimmigkeiten: man beachte, daß die Dämpfung jetzt wegen des hohen Wertes der Geschwindigkeit und des hohen Wertes von ζ Werte bis herauf zu 10 at Druck annimmt, während doch die Beschleunigungsverhältnisse gegen früher wenig geändert sind, indem zwar größere Geschwindigkeiten erreicht werden, aber zu ihrer Erreichung auch größere Zeiten zur Verfügung stehen. Dämpfung und Beschleunigung fielen daher selbst der Größenordnung nach nicht zusammen. Der Grund dieser Unstimmigkeit ist nicht ersichtlich und kann auch kaum nur in der Annahme des quadratischen Widerstandsgesetzes gefunden werden.

10) Gestalt der unsymmetrischen Schwingungen.

Die Form der von der Wassersäule im Zustande der Resonanz ausgeführten Schwingungen wurde durch die Gl. (2h) bis (2l) bestimmt, die die Volumina der Luft in der Windhaube festlegen, oder aber durch die Gl. (2m), die den jeweiligen Druck des Windes feststellt. Diese Gleichungen sind so verwickelt, daß es aussichtslos erscheint, sie in endlicher Form zu lösen. Eine empirische Lösung ergibt sich auf folgende Weise.

Es wurden die vom Indikator aufgeschriebenen Schwingungen mit dem harmonischen Analysator von Mader untersucht. Dieses Gerät, dessen Bauart in der Elektrotechnischen Zeitschrift 1908 beschrieben ist, ermöglicht die Zerlegung einer beliebigen graphischen periodischen Kurve in eine Fouriersche Reihe durch einfaches Umfahren des Kurveninhaltes mittels eines Fahrstiftes. Auf die Handhabung des Gerätes im ganzen soll hier nicht eingegangen werden, aus den Ergebnissen wird indessen erhellen, wie vorzüglich genau es arbeitet und wie wertvolle Aufschlüsse es bringen kann.

Die vom Indikator aufgezeichnete Druckkurve soll dargestellt werden in Form einer Reihe

$$p = A_0 + A_1 \cos \alpha + A_2 \cos 2\alpha + A_3 \cos 3\alpha + A_4 \cos 4\alpha + \ldots$$
$$B_1 \sin \alpha + B_2 \sin 2\alpha + B_3 \sin 3\alpha + B_4 \sin 4\alpha + \ldots,$$

in der die Vorzahlen A_1, A_2, A_3 . . . sowie B_1, B_2, B_3 . . . durch das Gerät zu bestimmen sind. α bedeutet den von der Maschinenkurbel zurückgelegten Winkel. Man bestimmt die Vorzahlen, indem man in den Analysator verschiedene, mit den entsprechenden Nummern bezeichnete Räder einsetzt, worauf man nach Umfahren der Kurve den Wert des Koeffizienten in Millimeter Diagrammhöhe unmittelbar ablesen, also auch unter Beachtung des Druckmaßstabes in Atmosphären umrechnen kann. α zähle von der Stelle des Höchstdruckes an.

Die Ergebnisse einer Reihe von Analysen sind in Zahlentafel 11 zusammengestellt. Die Vorzahlen A_1, A_2 . . . B_1, B_2 sind in Atmosphären gegeben, die der letzten Spalte in Litern.

Zahlentafel 11.

	Druckdiagramm								Volumdiagramm	
Resonanz	1. Ordnung				2. Ordnung				1. Ordnung	
Druckventil	mit		ohne		mit		ohne		mit	
Nr. . . .	IX		LII		VII		XXXXIII		IX, isothermisch	
$V_0 =$ . .	∞ 4		12		∞ 0,5		$2^3/_4$			
$p_0 =$ . .	∞ 4,5		4		∞ 4,5		4			
$n =$ . .	50		58		60		60			
	A	B	A	B	A	B	A	B	A	B
1	0,014	0,073	0,36	0,08	0,14	0,06	1,293	0,563	0,08	0,12
2	3,470	0	1,60	0,09	1,00	0,25	1,543	−2,162	−2,96	0,07
3	0,014	0,008	0,80	0,12	−0,22	0,18	1,143	−0,708	0,05	0,04
4	1,729	−0,036	0,42	0,11	2,90	−0,55	−0,053	−0,968	−0,45	0,05
5	0,034	0,040	0,22	0,11	−0,05	0,05	0,102	−0,863	—	—
6	0,869	0	—	—	1,00	0	−0,170	−0,357	−0,05	−0,01
8	−0,018	0,044	—	—	0,10	0,30	0,333	−0,315	—	—
8	0,470	0,030	—	—	1,09	−0,50	−0,165	−0,125	—	—
9	—	—	—	—	—	—	0,232	−0,033	—	—
10	—	—	—	—	—	—	—	—	—	—

Zunächst bei dem aus Fig. 14 bekannten Druckdiagramm Nr. IX erkennt man in der Zahlentafel deutlich, daß alle ungradstelligen Vorzahlen und alle Sinusvorzahlen gegenüber den Vorzahlen gradstelliger Cosinusglieder durchaus zurücktreten. Wenn man bedenkt, daß ein Kolbenwegdiagramm zunächst in das Zeitdiagramm umgezeichnet war, und daß der kleine Maßstab der Indikatordiagramme die Auswertung erschwerte, so wird man annehmen dürfen, daß es überwiegend auf Ungenauigkeiten beruht, wenn die genannten Glieder nicht sämtlich null sind. Große Werte ergeben sich für die gradstelligen Cosinusvorzahlen, die also allein in die zu bildende Reihe eingehen. Diese Vorzahlen folgen aber einem einfachen Gesetz: man sieht, daß jede folgende die Hälfte der vorhergehenden beträgt. Daher läßt sich das Druckdiagramm Nr. IX darstellen durch die Reihe

$$p = 6{,}94\,(\tfrac{1}{2}\cos 2\alpha + \tfrac{1}{4}\cos 4\alpha + \tfrac{1}{8}\cos 6\alpha + \tfrac{1}{16}\cos 8\alpha + \ldots) \quad (10),$$

deren Gesetz in sich vollkommen fest liegt und die durch die eine Vorzahl 6,94 at vollkommen bestimmt ist.

In Fig. 30 ist gezeigt, daß sich die indizierte Kurve in der Tat durch diese Reihe darstellen läßt. Die oben links noch einmal gezeichnete indizierte Kurve war in der Weise untersucht worden, daß man den Abstand zweier Höchst-

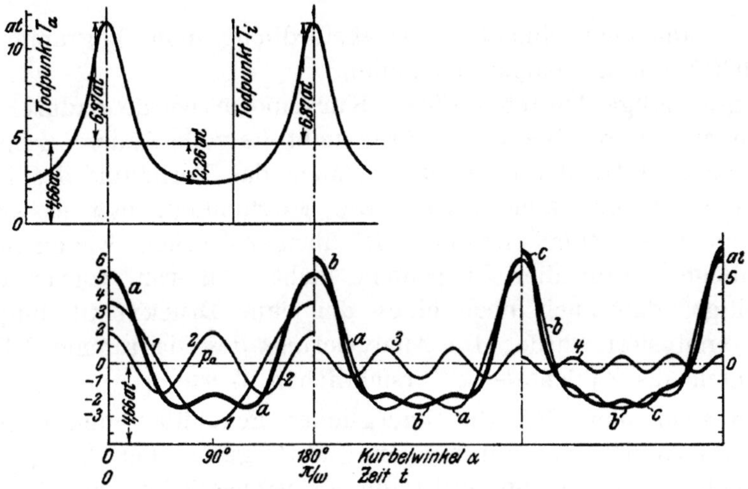

Fig. 30. **Entstehung des Druckverlaufes aus den Gliedern einer Fourierschen Reihe.** Nr. IX. 11. Oktober 1910, 12 Uhr 22 Min. 50 Uml./min. V_0 = rd. 4 ltr.

drücke als (halbe) Periode ansah und den Beginn der Periode in eines dieser Maxima verlegte. Darunter ist die Kurve aus ihren Komponenten wieder zusammengesetzt. Kurve 1 stellt das Glied $6{,}94 \cdot \tfrac{1}{2}\cos 2\alpha$ dar, Kurve 2 gibt das Glied $6{,}94 \cdot \tfrac{1}{4}\cos 4\alpha$ wieder. Beide zusammengezählt ergeben den stärker gezeichneten Kurvenzug *a*, in dem bereits die Unsymmetrie hervortritt. Er ist in den zweiten Abschnitt übernommen worden, das dritte Glied, Kurve 3, hinzugezählt, so daß Kurve *b* entsteht. Im nächsten Abschnitt wird das Glied 4 zu Kurve *b* gezählt, und man erhält Kurve *c*, die sich bereits recht gut der indizierten Kurve annähert. Weitere Glieder werden mehr und mehr die in der Gegend des Kleinstdruckes noch vorhandenen kurzen Wellen beseitigen, anderseits die Spitze des Höchstwertes mehr und mehr ausziehen und so den unsymmetrischen Charakter ergeben.

Eine empfindliche Probe für die Genauigkeit sowohl der Analysierung als auch dafür, wie genau die Kurvenform durch Gl. (10) wiedergegeben wird, ist das Folgende. An der Stelle des Höchstwertes, für $\alpha = 0$ oder $\alpha = 180^0$ wird $\cos 2\alpha = \cos 4\alpha = \ldots = 1$. Hierfür wird sich also der Wert des höchsten Druckes aus $p_{max} = 6{,}94 \cdot (\tfrac{1}{2} + \tfrac{1}{4} + \tfrac{1}{8} + \ldots)$ berechnen, und da der Wert der Klammer bekanntlich 1 ist, so wird $p_{max} = 6{,}94$ at. In der Tat sind die abgemessenen Höchstdrücke 6,97 und 6,87 at nicht ganz gleich, aber gut übereinstimmend. Ebenso genau trifft die Probe für den Tiefstdruck zu: für $\alpha = 90^0$ oder $\alpha = 270^0$ ergibt sich $p_{min} = 6{,}94 \cdot (-\tfrac{1}{2} + \tfrac{1}{4} - \tfrac{1}{8} + \ldots)$, und da der Wert dieser Klammer $-\tfrac{1}{3}$ ist, so folgt $p_{min} = -\tfrac{1}{3} \cdot 6{,}94 = -2{,}31$ at, während sich im Diagramm 2,26 at ablesen läßt. Ist dieser Wert schon an sich recht befriedigend, so wird er noch besser stimmend, wenn man berücksichtigt, daß eine lange, über den ganzen Umlauf gehende Sinusschwingung, die nach Zahlentafel 11 die Amplitude $+0{,}073$ at hat (vermutlich eine Wirkung der endlichen Schubstangenlänge), zu beachten wäre, so daß man also den Tiefstwert nicht von der Linie p_0 an zu rechnen hätte; von jener Sinuslinie an gerechnet, wäre aber $p_{\min} = -(2{,}26 + 0{,}07) = 2{,}33$ at, also noch besser und geradezu auffallend passend.

Ein deutliches Kennzeichen unserer Kurvenform ist es also, daß die Mindestordinate sich zur Höchstordinate wie -1 zu $+3$ verhält. Die Vorzahl A der Reihe (10), die übrigens auch durch die Formel

$$p = A \Sigma \frac{1}{2^{2m}} \cos 2m\alpha \quad \ldots\ldots\ldots \quad (10a)$$

gegeben ist, kann man einfach als Höchstordinate dem Diagramm entnehmen, besser natürlich durch Analysieren finden.

Das regelmäßige Auftreten dieser Kurvenform wurde dadurch festgestellt, daß von einem weiteren Diagramm zwar nicht die volle Analyse gemacht wurde, wohl aber einzelne Glieder nachgeprüft, auch das Verhältnis des Höchstwertes zum Tiefstwert nachgemessen wurde. Die Möglichkeit, daß es sich bei Diagramm IX um einen Zufall handle, die übrigens schon wegen der charakteristisch ähnlichen Form aller Diagramme nicht groß war, wurde vollends dadurch beseitigt, daß auch noch eines der ohne Druckventil aufgenommenen Diagramme analysiert wurde. Die Analysierung des Diagrammes LII, Fig. 28 A, ergab die auch aus Zahlentafel 11 ersichtlichen Werte.

Wieder sieht man, daß die Sinusglieder gegenüber den Cosinusgliedern klein sind. Da es sich hier nur um eine Schwingung über den ganzen Umlauf handelt, so haben nicht nur die gradstelligen Cosinusglieder eine erhebliche Amplitude. Die Werte der Cosinusvorzahlen folgen aber wieder dem gleichen Gesetz, wonach jede folgende die Hälfte der vorhergehenden ausmacht. Die Genauigkeit ist freilich nicht ganz so groß wie im vorhergehenden Falle, aber doch in die Augen springend. Da übrigens die B-Werte alle positiv sind, so könnte man durch leichtes Verschieben der Anfangsordinate noch etwas bessere Uebereinstimmung schaffen (s. später).

Es wurde schon gezeigt, daß die ohne Ventil aufgenommenen Diagramme unter dem Einfluß einer ganz abweichenden Erregerfunktion entstanden sind. Wenn man unter dem Einfluß der beiden früher durch Fig. 25a und b dargestellten Kraftfunktionen die gleiche Veränderlichkeit des Druckes erhält, so wird man annehmen dürfen, daß das durch Formel (10a) gegebene Gesetz die Lösung der Gleichung sei, durch welche die freie Schwingung dargestellt wurde, nämlich der Gl. (2m). Der Versuch, die Richtigkeit dieser Vermutung zu prüfen, führt auf mehrfache Reihen und daher zu keinem Ergebnis.

Aber noch auffallender als die Tatsache, daß das Erregungsglied und das Dämpfungsglied keinen wesentlichen Einfluß auf die Kurvenform zu haben scheinen — auffallender ist es, daß sich das einfache Gesetz für die Schwingungsform nachweisen läßt, obwohl doch die Schwingungen durch das Gesetz stark beeinflußt sein müssen, nach dem die Zustandsänderungen der Luft in der Windhaube verliefen. Es wurde schon erwähnt, daß kaum anzunehmen ist, daß sie isothermisch verlaufen. Der Wert des Exponenten k wird jedenfalls von 1 abweichen. Es ist also auffallend, daß für einen beliebigen und zufälligen Wert des Exponenten dennoch ein so einfaches, durch Gl. (10a) gegebenes Bewegungsgesetz Gültigkeit hat.

Auch das unter Annahme isothermischer Aenderungen gefundene Volumendiagramm Nr. IX, Fig. 16B, wurde analysiert. Es ergab sich unter Fortlassung derjenigen Glieder, die einen ganz kleinen Koeffizienten haben (Zahlentafel 10), für die Aenderung des Volumens die Reihe

$$V = V_m - 2{,}96 \cos 2\alpha - 0{,}45 \cos 4\alpha - 0{,}05 \cos 6\alpha \ldots \text{ltr} \quad . \quad . \quad (11).$$

Aus dem schnellen Abfallen der Vorzahlen sieht man — wie auch schon der Augenschein lehrt —, daß wir es hier mit einer fast reinen Sinuslinie zu tun haben. Außerdem sehen wir, daß sich das zeitlich mittlere Volumen unter dem Einfluß der Schwingungen erheblich vergrößert hat. Irgend eine Gesetzmäßigkeit ließ sich nicht erkennen, dagegen werden wir in dieser Analyse die Erklärung dafür finden, daß die Schwingungszeit unserer Schwingungen so befriedigend durch Gl. (9) wiedergegeben wird.

Wir haben am Anfang von Abschnitt 4 die Schwingungszeit berechnet, als wenn symmetrische Ausschläge kleiner Amplitude um das Volumen V_0 herum stattfänden, wobei ein Exponent $k = 1$ gelten sollte. In Wahrheit finden symmetrische Schwingungen — für deren Schwingungszeit ja die Amplitude gleichgültig ist, so lange k unveränderlich bleibt — um ein größeres Volumen V_m herum statt, jedoch mit einem Exponenten $k > 1$. Setzen wir wieder

$$t_s = 2\pi \sqrt{\frac{m_0}{c}} \quad . \quad . \quad . \quad . \quad . \quad . \quad . \quad . \quad . \quad . \quad (8),$$

diesmal aber polytropische Zustandsänderungen

$$p_m + p = p_m \frac{V_m{}^k}{(V_m + V)^k}\, ; \; dp = p_m V_m^k \, k \, \frac{1}{(v_m + v)^{k+1}} \, dV$$

und hierin V klein gegenüber V_m, so wird

$$dp = k \frac{p_m}{V_m} d\,V$$

oder in der am Anfang des Abschnitts 4 benutzten Bezeichnung

$$d\,P = k \frac{f p_m}{V_m} d\,V,$$

andererseits $ds = \frac{d\,V}{f}$, so wird die Federkonstante

$$c = \frac{d\,P}{d\,s} = \frac{k f_0{}^2 p_m}{V_m} \quad . \quad . \quad . \quad . \quad . \quad . \quad . \quad . \quad . \quad . \quad (7\,\text{c})$$

und die Schwingungszeit

$$t_s = \frac{2\pi}{100\sqrt{g}} \sqrt{\frac{l_0}{f_0} \frac{1}{k} \frac{V_m}{p_m}} \quad . \quad . \quad . \quad . \quad . \quad . \quad . \quad . \quad . \quad (9\,\text{c}),$$

wobei wir wieder auf Liter und Atmosphären übergegangen sind.

Nun sind gegen die frühere Gl. (9) folgende Aenderungen eingetreten: $\frac{V_m}{p_m}$ ist jedenfalls um so mehr größer als $\frac{V_0}{p_0}$, je größer die Amplitude der Schwingungen ist. Das wirkt in dem Sinne, daß die Schwingungszeit in Wahrheit größer ausfallen muß, als Formel (9) sie berechnen ließ. Anderseits drückt die Einführung von $\frac{1}{k}$ die Schwingungszeit herab, das wirkt im entgegengesetzten Sinne. Im ganzen erkennt man: bei kleinen Amplituden erfolgen die Schwingungen rascher, bei großen langsamer, als Gl. (9) angab; bei gewissen mittleren Amplituden kann Gl. (9) genau zutreffen. Vor allen Dingen aber: die Eigenschwingungszeit ist stark abhängig von der Amplitude, so daß alle Resonanzerscheinungen mehr oder weniger verunreinigt auftreten müssen — die Erklärung für manche Unstimmigkeit.

Man könnte an Gl. (9c), deren Glieder sämtlich unseren Diagrammen zu entnehmen sind, die Probe machen, mit welchem Exponenten k sie am besten erfüllt wird. Hierdurch k zu finden, ist aussichtslos, weil wir uns in früher besprochener Weise in Unkenntnis der Temperatur befinden, die V_m und p_m zugeordnet ist.

Es wurde auch noch versucht, die vom Indikator aufgeschriebenen gedämpften Schwingungen, das heißt diejenigen, bei denen die Schwingungszahl mindestens doppelt so groß war als die Impulszahl, und die daher die Dämpfung auch äußerlich erkennen lassen, mit Hülfe des harmonischen Analysators in eine Fouriersche Reihe zu zerlegen. Die Ergebnisse der Analyse für die Diagramme Nr. VII und XXXXIII, Fig. 12 und 26, sind in Zahlentafel 11 ebenfalls zu finden.

Eine Gesetzmäßigkeit ist aus diesen Zahlen nicht zu erkennen, auch wird keine der Vorzahlen klein gegenüber den anderen.

Damit wäre allerdings noch nicht gesagt, daß nicht ein einfaches Gesetz für die Aufeinanderfolge der Vorzahlen, ähnlich wie wir es vorher bei den scheinbar ungedämpften Schwingungen gefunden hatten, auch hier besteht. Daß die Reihe (10) ohne weiteres gefunden wurde, ist mehr dem Zufall zu danken, insofern die Analyse gerade mit dem Höchstdruck als Anfangspunkt begonnen wurde, eine Maßnahme, für die allerdings bei jenem früheren Diagramm der Augenschein sprach. Offenbar erhielt man aber bei jenem früheren Diagramm die einfache, ein Gesetz zeigende Form der Reihe nur bei diesem bestimmten Anfangspunkt der Analyse. Bei jedem anderen Ausgangspunkt hätten sich Sinus- und Cosinusglieder zeigen müssen, und das Gesetz wäre verwischt gewesen und selbst bei einem um 90 oder 180^0 verschobenen Anfangspunkt nicht in gleicher Deutlichkeit erschienen.

Bei dem gegenwärtigen Diagramm war ein ebenso charakteristischer Punkt nicht vorhanden (man beachte, daß die beiden Einzelschwingungen ungleiche Schwingungszeit haben), und es wurde deshalb vom Totpunkte T_a bis wieder zu diesem die Analyse vorgenommen. Es fragte sich also, ob bei Wahl eines anderen Anfangspunktes eine bessere Gesetzmäßigkeit für die Vorzahlen der jetzt gesuchten Reihe auftrete. Nachdem das Probieren von verschiedenen Anfangspunkten an ergebnislos verlaufen war, wurde in folgender Weise planmäßig vorgegangen. Das Verfahren wird sich auch in anderen Fällen zur Aufdeckung versteckter Gesetzmäßigkeiten verwenden lassen und sei deshalb beschrieben, obwohl es in diesem Falle zu keinem befriedigenden Ergebnis führte.

Wir wollen die beiden m-ten Glieder der Reihe, wie sie mit dem Analysator gefunden wurden, durch $A_m' \cos m\alpha + B_m' \sin m\alpha$ ausdrücken. Wenn wir den Anfangspunkt der Analyse um den Winkel φ in positivem Sinne verschieben, so mögen unter A_m und B_m die entsprechenden Vorzahlen verstanden werden, die dann an Stelle von A_m' und B_m' treten müssen. Offenbar gilt die Beziehung

$$A_m' \cos m\alpha + B_m' \sin m\alpha = A_m \cos m(\alpha - \varphi) + B_m \sin m(\alpha - \varphi).$$

Aus ihr finden wir durch Auflösen der Klammer und Zusammenfassen der Glieder, die einerseits $\cos m\alpha$, andererseits $\sin m\alpha$ enthalten, folgende Beziehung:

$$A_m' \cos m\alpha + B_m' \sin m\alpha = (A_m \cos m\varphi - B_m \sin m\varphi) \cos m\alpha \\ + (A_m \sin m\varphi + B_m \cos m\varphi) \sin m\alpha,$$

Die Vorzahlen von $\cos m\alpha$ müssen beiderseits gleich sein, soll die Gleichung für jeden beliebigen Wert zutreffen, dasselbe gilt von den Vorzahlen von $\sin m\alpha$. Daraus folgt

$$\left.\begin{aligned} A_m' &= A_m \cos m\varphi - B_m \sin m\varphi \\ B_m' &= A_m \sin m\varphi + B_m \cos m\varphi \end{aligned}\right\}.$$

Wenn wir dieses Gleichungspaar nach A_m und nach B_m auflösen, so erhalten wir in

$$\left.\begin{aligned} A_m &= B_m' \sin m\varphi + A_m' \cos m\varphi \\ B_m &= B_m' \cos m\varphi - A_m' \sin m\varphi \end{aligned}\right\} \quad . \; . \; . \; . \; . \; . \quad (12)$$

zwei Gleichungen, die uns die zu erwartenden Vorzahlen einer neuen Fourierschen Reihe als abhängig von der beliebig gewählten Phasenverschiebung φ erscheinen lassen. Die zu φ gehörigen Vorzahlen lassen sich aus den Vorzahlen A_m' und B_m' berechnen, die wir durch die Analyse von beliebigem Ausgangspunkt $\varphi = 0$ fanden.

Man kann also die zu erwartenden Vorzahlen Fourierscher Reihen als abhängig von der Phasenverschiebung des Ausgangspunktes zeichnerisch auftragen. Dazu ermittelt man diejenige Phasenverschiebung φ_m, bei der $A_m = 0$ wird und bei der zugleich B_m seinen Höchstwert erreicht. Es muß sein $B_m' \sin m\varphi_m + A_m' \cos m\varphi_m = 0$, also

$$\operatorname{tg} m\varphi_m = -\frac{A_m'}{B_m'}$$

und hieraus folgt einerseits φ_m, andererseits

$$B_m = B_m' \cos m\varphi_m - A_m' \sin m\varphi_m \quad . \; . \; . \; . \; . \; . \; . \quad (12a).$$

Für diesen Winkel φ_m verschwinden also die Vorzahlen des Cosinusgliedes, d. h. die Kurve der A_m geht hier durch null. Zugleich kennt man den (positiven oder negativen) höchsten Wert des Sinusgliedes, und aus dessen Vorzeichen beantwortet sich die Frage, ob die A-Kurve aufsteigend oder abfallend die Nullinie schneidet. Die Amplitude der A-Kurve ist überdies gleich der der B-Kurve, beide sind um $^1/_4$ ihrer Periode gegeneinander versetzt, die Sinus-Kurve voreilend.

Beispielsweise findet sich für die zweiten Glieder der Kurve Nr. XXXXIII aus Zahlentafel 10 mit $A_2' = 1{,}543$ und $B_2' = -2{,}162$ für $A_2 = 0$ der Wert $\operatorname{tg} 2\varphi_2 = +0{,}714$, also $2\varphi = +35^0\,31'$, $\varphi = +17^0\,45'$. Weiter wird $\sin 2\varphi = +0{,}5806$, $\cos 2\varphi = +0{,}8139$, und daher $B_2 = -2{,}162 \cdot 0{,}8139 - 1{,}543 \cdot 0{,}5806 = -2{,}656$ at.

Die Kurven, die nach Phasenverschiebung und Amplitude in dieser Weise festgelegt sind, sind für Nr. XXXXIII in Fig. 31 gezeichnet. Zur Kontrolle kann man sich davon überzeugen, daß man in der Tat bei der Ordinate $\varphi = 0$ die in Zahlentafel 10 angegebenen Vorzahlen abgreifen kann.

Es fragt sich nun, ob für irgend eine Phasenverschiebung besonders einfache Verhältnisse auftreten, indem zahlreiche Vorzahlen fortfallen, andere aber Gesetzmäßigkeiten aufweisen. Immerhin scheint das der Fall zu sein. Bei $\varphi = 290^0$ (die Stelle ist durch einen Pfeil gekennzeichnet) gehen dicht beieinander die Cosinusvorzahlen A_1, A_2 und A_5 durch null, gleichzeitig erreichen die Cosinusvorzahlen A_3 und A_4 ihren höchsten Wert; A_6 freilich stimmt weniger gut Doch darf man das Zusammentreffen von fünf ausgezeichneten Werten kaum als Zufall ansehen. Ein bestimmtes Gesetz im Wert der Vorzahlen läßt sich freilich nicht erkennen, wie Zahlentafel 12 zeigt, in der die Werte von A und B für $\varphi = 290^0$ (rechnerisch ermittelt) zusammengestellt sind.

Zahlentafel 12.

	1	2	3	4	5	6	7	8	9
A	−0,0868	+0,2078	−1,3438	−0,9625	−0,0494	+0,2242	+0,0273	+0,1122	−0,0330
B	+1,4075	+2,6479	+0,0416	−0,1158	−0,8676	−0,3257	+0,4576	+0,1739	−0,2320

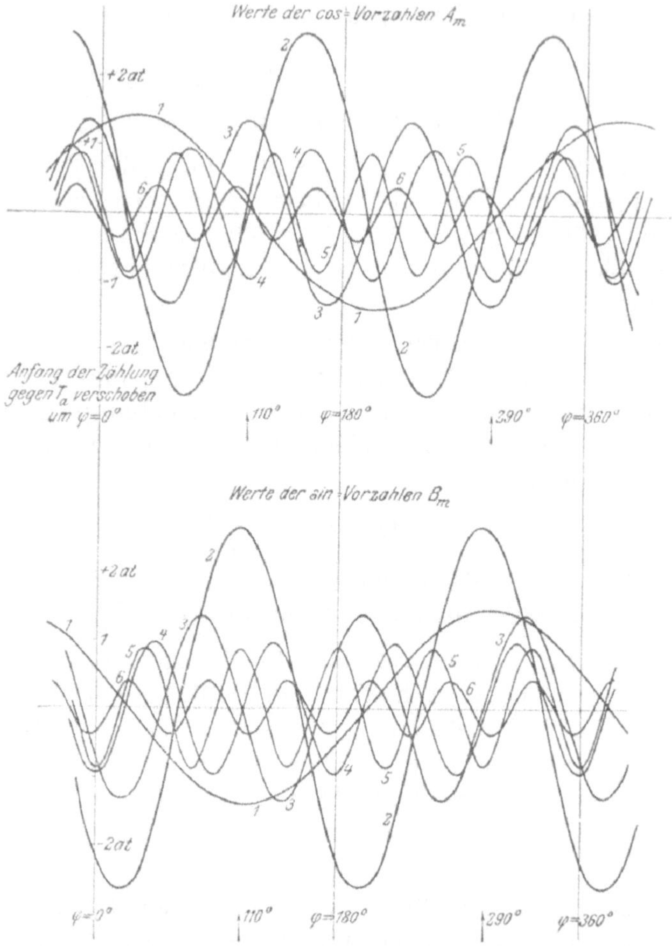

Fig 31. Vorzahlen der Fourierschen Reihe, je nach dem Beginn der Zeitzählung. XXXXIII. 26. Januar 1911, 12 Uhr 39 Min. Ohne Ventil. V_0 = rd. $2^3/_4$ ltr; 60 Uml./min.

Nur beim sechsten und achten Glied fällt nicht eine der beiden Vorzahlen annähernd fort. Aber abgesehen von dieser Tatsache ist wie gesagt ein Gesetz nicht zu erkennen. Vermutlich handelt es sich um Uebereinanderlagerung zweier gesetzmäßiger Reihen, deren Gesetzmäßigkeit sich durch Aufaddieren der beiden Koeffizienten verwischt hat.

Daß bei $\varphi = 320^0$ alle Cosinusvorzahlen positiv sind, hat seine Ursache darin, daß dort der höchste Wert der Druckschwingung liegt, infolgedessen muß auch bei $\varphi = 150^0$ das Vorzeichen der gradstelligen Vorzahlen positiv, das der ungradstelligen Vorzahlen negativ sein. Diese Gesetzmäßigkeiten sind also nicht besonders bemerkenswert. —

Einige Bemerkungen über die Verwendung des Analysators zur Diskussion von Kurven seien noch gemacht. Durch zweimaliges Umfahren zeigt sich regelmäßig, daß die Genauigkeit, mit der der Analysator von Mader arbeitet, sehr befriedigend ist. Das gilt auch für die Glieder höherer Ordnung, bei denen allerdings, auch wenn gute Uebereinstimmung mehrerer Umfahrungen festgestellt wird, doch die Genauigkeit des Ergebnisses geringer sein wird, weil die kleinen zu verwendenden Einsetzräder geringere Genauigkeit haben müssen. Immerhin hätte bei erheblicher Unsicherheit die Reihe (10) nicht bis zum achten Glied so gut stimmen können.

Es sind auswechselbare Räder für Untersuchungen bis zu den neunten Gliedern dem Analysator beigegeben, und es wird in der ihm beigegebenen Anleitung gesagt, man könne weitere Glieder auffinden, indem man, etwa um das zwölfte Glied zu erhalten, die Periodenlänge in 12 Teile teilt, jeden der Teile mit dem Rad 1 untersucht und den Mittelwert der Koeffizienten bildet, die sich in dieser Weise finden. Es würde auf dasselbe hinauskommen, wenn man die Diagrammlänge halbiert, jede Hälfte mit dem Rade 6 untersucht und wieder den Mittelwert bildet. Solch Verfahren führt in der Tat auf richtige Glieder einer Reihe, aber doch mit einem Vorbehalt. Wollte man etwa eines unserer Diagramme halbieren und der Reihe nach mit den Rädern 1 bis 9 jede der Hälften untersuchen, so würde man nicht etwa die Glieder von 2 bis 18 derjenigen Reihe bekommen, die Formel (10) darstellt. Die in dieser Weise ermittelten Glieder gehören vielmehr einer Reihe an, die nur noch die Form

$$p = A_2 \cos 2\alpha + A_4 \cos 4\alpha + \ldots + B_2 \sin 2\alpha + B_4 \sin 4\alpha + \ldots$$

hat und in der die ungradstelligen Glieder der früheren Reihe auf die Vorzahlen der gradstelligen verteilt sind. Man erhält also, wie auch der Versuch lehrt, andere Ergebnisse, wenn man jede der Hälften mit dem Rad 3 untersucht, als wenn man die ganze Länge mit dem Rad 6 untersucht.

11) Berechnung von Windkesseln.

Das Auftreten kleiner, von Luftsäcken herrührender Schwingungen ist ein Schönheitsfehler, das Auftreten der größeren, vorher besprochenen Schwingungen gibt zu ernsten Gefahren und zu einem Mehraufwand von Arbeit Anlaß, und man wird das Auftreten solcher Schwingungen durch konstruktive Maßnahmen unmöglich zu machen haben. Hieraus ergibt sich ein Maß für die notwendige Größe der Windhauben und Windkessel.

Die Bemessung der Windkessel zum Ausgleich der nicht gleichmäßigen Förderung geschah bisher entweder rein empirisch oder unter Zugrundelegung einer nicht zu überschreitenden Ungleichförmigkeit des Windhaubendruckes unter Benutzung der eingangs dargestellten statisch-volumetrischen Theorie der Windkesselwirkung.

Die Versuche haben nun gezeigt, daß im Betriebe unvergleichlich größere Druckschwankungen auftreten können, als jene statisch-volumetrische Betrachtungsweise erwarten läßt. Im Fall der Resonanz zwischen der Impulszahl der Pumpe und der Eigenschwingungszahl einer der durch Luft abgefederten Wassersäulen können Drücke auftreten, die ein Vielfaches des Betriebsdruckes ausmachen, und mancher unerklärte Pumpenbruch wird auf solches Auftreten von Resonanz zurückzuführen sein.

Nur zum volumetrischen Ausgleich der Kolbenförderung kommt man mit sehr kleinen Windhaubeninhalten aus. Bei unserer Pumpe genügten schon 4 ltr Inhalt einigermaßen, Diagramm XVII, Fig. 20, während doch der Hubraum jedes Kolbens 5,45 ltr beträgt. Nach der rein volumetrischen Theorie der Windkesselwirkung würde man also sagen können, die Windhaube solle einen Inhalt gleich der Förderung des Hubes haben und könne bei höherer Umlaufzahl sogar noch kleiner sein.

Viel größere Inhalte der Windhaube werden nötig, wenn man Resonanzschwingungen vermeiden will. Mit zunehmender Größe eines Windkessels nimmt die Eigenschwingungszahl der unter seinem Einfluß stehenden Säule ab, und man kann es durch Steigerung der Windkessel- oder Windhaubengröße dahin bringen, daß Resonanz auch bei der geringsten im Betriebe vorkommenden Umlaufzahl nicht eintritt. Nach Formel (9) ist die Eigenschwingungszahl einer Wassersäule von der reduzierten Länge l_0 m und dem Querschnitt f_0 qm, die einerseits den stets gleichen Druck p_0 kg/qcm abs. erfährt, anderseits unter dem veränderlichen Druck einer federnden Luftmasse von mittlerem Volumen V_0 ltr steht, gegeben durch

$$t_s = \frac{2\pi}{100\sqrt{g}}\sqrt{\frac{l_0 V_0}{f_0 p_0}} \quad . \quad . \quad . \quad . \quad . \quad . \quad . \quad . \quad . \quad . \quad . \quad (9)$$

oder fast genau durch

$$t_s = {}^1/_{50}\sqrt{\frac{l_0 V_0}{f_0 p_0}} \quad . \quad . \quad . \quad . \quad . \quad . \quad . \quad . \quad . \quad . \quad (9c).$$

Die Eigenschwingungszahl $\frac{1}{t_s}$ darf nicht mit der Impulszahl zusammenfallen, die wir, auf die Sekunde bezogen, mit $\frac{z}{60}$ bezeichnen wollen. Für doppeltwirkende oder Stufenkolbenpumpen ist beim Druckrohr $z = 2n$, am Saugrohr derselben und bei einfachwirkender Pumpe auch am Druckraum ist $z = n$ zu setzen. Für diese Fälle würde also Resonanz erster Ordnung eintreten, wenn

$$\frac{60}{z} = {}^1/_{50}\sqrt{\frac{l_0 V_0}{f_0 p_0}}$$

ist. Hieraus berechnet sich

$$V_g = \left(\frac{3000}{z_{\min}}\right)^2 \frac{f_0\, p_0 \max}{l_0} \quad . \quad . \quad . \quad . \quad . \quad . \quad . \quad . \quad . \quad (13)$$

als »Grenzinhalt« des Windkessels, bei dem gerade noch Resonanz erster Ordnung möglich ist, wenn wir, um die ungünstigen Verhältnisse in Betracht zu ziehen, den höchsten vorkommenden Förderdruck der Pumpe und die niedrigste vorkommende Impulszahl der Pumpe einsetzen. Resonanz erster oder gar höherer Ordnung wird vermieden, wenn wir dem Windkessel einen größeren Inhalt geben, als Formel (13) für V_g angibt. Die Versuche lassen erkennen, daß man ziemlich weit von der Resonanz abbleiben muß, um befriedigende Diagramme zu erhalten. Man wird sagen dürfen, daß mindestens das Doppelte des Grenzinhaltes nötig sei. Hiernach ergibt sich also der erforderliche Inhalt der Windhaube zu

$$V_{\min} \geq 2\, V_g \quad . \quad . \quad . \quad . \quad . \quad . \quad . \quad . \quad . \quad . \quad (13a).$$

Die erforderliche Luftmenge wird also um so kleiner, je schneller die Impulse einander folgen, je höher die Umlaufzahl der Pumpe ist — eine der Erfahrung entsprechende Folgerung. Ferner muß die Windhaube um so größer werden, je höher der Förderdruck ist. Um übermäßige Abmessungen der Windhaube zu vermeiden, oder um mit einer einmal vorhandenen Windhaube befriedigende Verhältnisse zu schaffen, kann man den Querschnitt der Förderleitung verkleinern oder ihre Länge, insbesondere den Abstand des Druckwindkessels von der Pumpe vergrößern.

Beispiel: Für unsere Pumpe Fig. 11 berechnet sich der Grenzinhalt der Windhaube bei Anwesenheit des Windkessels mit $n_{\min} = 20$, also $z_{\min} = 40$/min, mit $f_0 = 0{,}00785$ qm, $l = 7{,}6$ m und $p_{0\max} = 3{,}5$ at Ueberdruck $= 4{,}5$ at abs. wie folgt:

$$V_g = \left(\frac{3000}{40}\right)^2 \cdot \frac{0{,}00785 \cdot 4{,}5}{7{,}6} = 26 \text{ ltr},$$

man würde also eine Haube von 50 ltr Inhalt anordnen müssen.

In der Tat hat ja die vorhandene mit rd. 40 ltr Inhalt nicht für alle Fälle genügt und dadurch die Versuche veranlaßt. Man hätte auch den Windkessel weiter absetzen oder am einfachsten ihn weglassen können. Im letzteren Falle wäre, Fig. 11, unter sonst gleichen Verhältnissen $l = 42{,}9 + 7{,}6 \sim 51$ m geworden, damit

$$V_g = \left(\frac{3000}{40}\right)^2 \cdot \frac{0{,}00875 \cdot 4{,}5}{51} = 3{,}9 \text{ ltr}.$$

Jetzt hätte also eine Windhaube von 8 ltr Inhalt ausgereicht, nur ob sie zum Anlassen auch genügt hätte, wäre nachzuprüfen gewesen.

Beim Saugwindkessel ist mit nur einem Impuls auf den Hub, also $z_{\min} = 20$ min und mit $p_{0\max} = 0{,}7$ at abs. zu rechnen, $f = 0{,}024$ qm, $l = 8{,}0$ m. So wird

$$v_g = \left(\frac{3000}{20}\right)^2 \cdot \frac{0{,}024 \cdot 0{,}7}{8{,}0} = 47 \text{ ltr}.$$

Ein Saugwindkessel von 100 ltr Inhalt wird in der Tat angemessen und unterzubringen sein. —

Ueber die Formeln (9) und (13) ist noch zu bemerken, daß sie ohne weiteres nur für den Fall gelten, wo das eine Ende der für Schwingungen in Frage kommenden Säule unter ganz oder annähernd stets gleichem Druck steht, wie in dem großen Windkessel der untersuchten Anlage; auch wo aus einem Brunnen gesaugt wird oder in einen Behälter ausgegossen wird, treffen die Voraussetzungen der Formeln zu. Wo dagegen eine Wassersäule durch zwei endliche Luftvolumina an jedem ihrer Enden in Schwingungen versetzt wird, da sind natürlich für die Berechnung der Eigenschwingungszahl keineswegs die Volumina zusammenzuzählen. Zusammenzählen lassen sich aber die durch Formel (8) gegebenen Federkonstanten. Seien etwa V_0 und V_0' die beiden mittleren Luftvolumina, so wird nun mit einer Federkonstanten

$$c = \frac{10\,000\, p_0 f_0^2}{V_0'} + \frac{10\,000\, p_0 f_0^2}{V_0''} = 10\,000\, p_0 f_0^2 \left(\frac{V_0' + V_0''}{V_0'\, V_0''}\right).$$

Jetzt ist also in allen Formeln an Stelle von V_0 zu setzen $\frac{V_0'\, V_0''}{V_0' + V_0''}$. Wenn insbesondere die beiden Luftmengen gleich sind, wie die beiden Windhauben einer Zwillingspumpe, so ist V_0 zu ersetzen durch $\frac{V_0'}{2}$, und der Grenzinhalt V_g' jedes der Windkessel wird

$$\frac{V_g'}{2} = \left(\frac{3000}{z_{\min}}\right)^2 \frac{f_0 p_0 \max}{l_0} \quad \text{. . . . .} \quad (13\text{b}).$$

Das heißt also, jetzt müsse jeder der Windkessel das doppelte Volumen wie sonst unter gleichen Umständen haben.

Und dieses Ergebnis wird auch nicht etwa dadurch umgestoßen, daß die Impulszahl bei der Zwillingspumpe anders einzuführen wäre. Zwar pflegt eine doppeltwirkende oder Stufenkolben-Zwillingspumpe mit 90° Kurbelversetzung der beiden Seiten zu arbeiten, und so erfährt die Wassersäule zwischen den beiden Pumpenhälften im ganzen 4 Impulse bei jedem Umlauf. Da aber 2 der Impulse von der einen, 2 von der anderen Seite kommen, so sind offenbar die beiden aufeinanderfolgenden nur als ein Gesamtimpuls im Sinne der Ableitung der Formel anzusehen: es ist $z = \frac{n}{2}$ bei doppeltwirkenden Maschinen anzusetzen, und entsprechend $z = n$ bei einfachwirkender oder in der Saugseite von Stufenkolbenpumpen. Es ist die Impulszahl einer Maschinenhälfte einzuführen.

Wenn also in Fig. 32 die Hälften *A* und *B* der Zwillingspumpe durch die Rohrverzweigung bei *C* hindurch aus dem Brunnen *D* saugen oder in den Windkessel *D* drücken, so gelten die vorstehenden Betrachtungen für die Querleitung *ACB*.

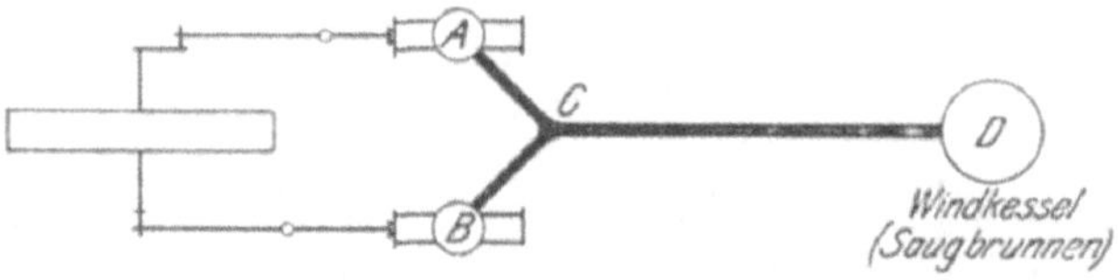

Fig. 32. Zwillingspumpe mit 90° Kurbelversetzung.

Uebrigens gibt es ein bekanntes Mittel, das Gegeneinanderschwingen der Windhauben einer Zwillingspumpe zu vermindern und wenigstens ausgesprochene Resonanzerscheinungen unmöglich zu machen: man verbindet die Lufträume durch ein genügend weites Rohr miteinander.

Ob in Fig. 32 Schwingungen auch in der gemeinsamen Längsleitung *CD* zu erwarten sind, wird von den Verhältnissen abhängen. Unmöglich sind sie besonders dann nicht, wenn *ACB* kurz und *CD* lang ist, so daß die Bewegungen der Längsleitung das System beherrschen. Für das Zustandekommen von Resonanz würden dann folgende Betrachtungen gelten.

Wir wollen unter f in Formel (13) den Querschnitt der Zweigleitungen *AC* und *BC* verstehen, die der einzelnen Pumpe zugehören, der Querschnitt von *CD* wird dann das Doppelte sein, um Aenderungen der Wassergeschwindigkeit zu vermeiden. Und verstehen wir unter l die Länge einer ganzen Leitung *ACD* oder *BCD*, so brauchen wir uns nur die Leitung *CD* durch eine Längswand in 2 Hälften geteilt zu denken, um zu sehen, daß jede Hälfte der Wassermasse unter den gleichen Umständen schwingt, sofern der ihr zugehörige Windkessel *A* oder *B* die durch Formel (13) und (13a) bestimmte Größe hat. Nur wie die Impulszahl anzusetzen ist, bleibt zu erwägen.

Die beiden von den beiden Maschinenhälften kommenden Impulse setzen sich in verschiedener Weise zusammen, je nachdem es sich — bei wohl stets 90° Kurbelversetzung — um einfachwirkende oder doppeltwirkende Maschinen handelt. Für unsere Stufenkolbenpumpe wäre die Saugwirkung einfach, die Druckwirkung doppelt.

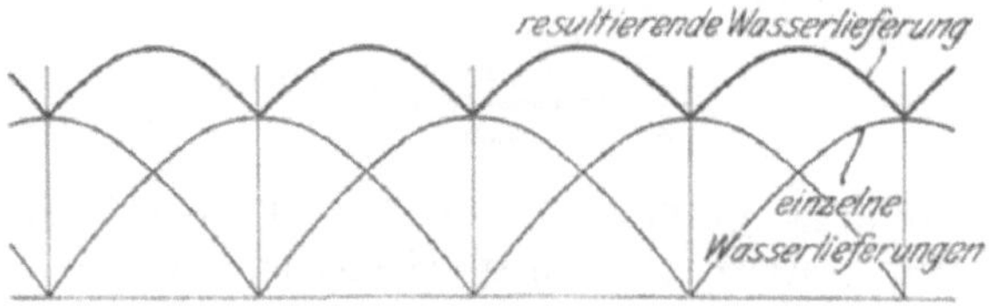

Fig. 33. Doppelwirkende Zwillingspumpe.

Bei doppelter Wirkung jeder Maschinenseite ergibt sich, Fig. 33, ein Gesamtimpuls, der viermal bei jedem Umlauf stattfindet, das heißt doppelt so oft wie bei der einzelnen doppeltwirkenden Maschine. Und da die Impulszahl z in Formel (13) im Nenner im Quadrat steht, so genügt nun schon, um Resonanz zu vermeiden, für jede einzelne Pumpe ein Viertel desjenigen Windkesselinhaltes, der für sie allein bei gleicher Leitungslänge zu berechnen wäre. Da Schwingungen in CD überhaupt nur zu erwarten sind, wenn der gemeinsame Teil CD lang ist gegen den getrennten AC und BC, so folgt, daß Schwingungen in der Längsleitung viel unwahrscheinlicher sind als in der Querleitung.

Bei einfacher Wirkung stellt Fig. 34 den Verlauf der Wasserförderung dar, und man erkennt, daß beide Hälften zusammen eigentlich nur einen Impuls liefern — so wie auch die einzelne Pumpe einen Impuls hätte. Also bleibt bei einfacher Wirkung auch die Impulszahl für jede der Pumpen durch den Zu-

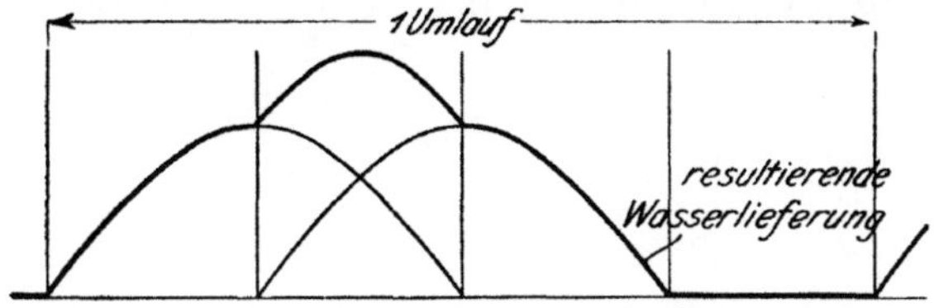

Fig. 34. Einfachwirkende Zwillingspumpe mit 90° Kurbelversetzung.

sammenbau mit der anderen ungeändert: es ändert sich überhaupt nichts. Im allgemeinen wird also auch hier wegen der größeren Länge der Längs- gegenüber der Querleitung die letztere für die Bemessung der Windkessel bestimmend sein müssen.

Wenn die beiden in ein gemeinsames Rohr fördernden Pumpen keinen gemeinsamen Antrieb haben, dann können Resonanzerscheinungen in der verschiedensten wenig gesetzmäßigen Art zustande kommen.

Wenn Flüssigkeiten von anderem spezifischem Gewicht als reines Wasser zu fördern sind, so sind die Formeln sinngemäß zu ändern. Insbesondere an Stelle von Formel (13) tritt, wenn die Flüssigkeit γ mal so schwer ist als Wasser, die folgende:

$$V_g = \left(\frac{3000}{z_{\min}}\right)^2 \frac{f_0\, p_{0\max}}{l_0\, \gamma} \quad . \; . \; . \; . \; . \; . \; . \quad (13\,b).$$

Zusammenfassung.

Durch Versuche wird gezeigt, daß in den Leitungen von Kolbenpumpen Resonanzwirkungen auftreten können, wenn die Eigenschwingungszahl einer der durch Windkessel abgefederten Wassersäulen zu der Umlaufzahl der Maschine in passendem ganzzahligem Verhältnis steht. Es wird gezeigt, daß die Resonanzschwingungen gewaltige Ueberdrücke erzeugen und daher gefährlich werden können, daß mit ihrem Auftreten aber auch ein Mehraufwand an Arbeit verbunden ist, der in einem Falle die Höhe von 35 vH erreichte.

Die übliche statisch-volumetrische Theorie des Windkessels wird daher für unzureichend erklärt, die auf ihr beruhende übliche Berechnungsweise des notwendigen Inhaltes von Windhauben aus einem angenommenen Ungleichförmigkeitsgrad des Windhaubendruckes wird verworfen.

Für die Bemessung der Windhaube wird als Grundsatz aufgestellt, sie solle groß genug sein, um unter ungünstigsten Verhältnissen Resonanzschwingungen unmöglich zu machen; für die Berechnung werden die Formelangaben (13), (13a) und (13b) gemacht, die die notwendige Größe des Windkessels als abhängig von der Umlaufzahl, dem Förderdruck und den Abmessungen der Druckleitung, jedoch unabhängig vom Hubraum erscheinen lassen. An Beispielen wird gezeigt, daß diese Angaben auf ausführbare Abmessungen führen, ja sich mit den üblichen Ausführungen decken.

Besondere Windkessel neben der Maschine sind nur vorzusehen, wenn das Anlassen und Stillsetzen der Maschine sie verlangen, und sind dann in genügendem Abstand von der Maschine aufzustellen.

Bei mehreren oder mehrfach wirkenden Pumpen, die auf mehrere Windhauben oder Windkessel arbeiten, sind alle denkbaren Fälle von Resonanz sorgfältig zu erwägen, und die ungünstigsten Fälle sind der Bemessung jedes einzelnen Windkessels zu Grunde zu legen.

GPSR Compliance

The European Union's (EU) General Product Safety Regulation (GPSR) is a set of rules that requires consumer products to be safe and our obligations to ensure this.

If you have any concerns about our products, you can contact us on ProductSafety@springernature.com

In case Publisher is established outside the EU, the EU authorized representative is:

Springer Nature Customer Service Center GmbH
Europaplatz 3
69115 Heidelberg, Germany

Batch number: 10684220

Printed by Printforce, the Netherlands